Creating
a thriving store
with unbelievable
drawing power

売らずに買われるネット通販

見違えるように人が集まる
繁盛ショップのつくり方

Eストアー 代表取締役
石村 賢一 著

ダイヤモンド社

Prologue
はじめに

　本格的なネット社会＆スマホ時代が到来して以来、消費環境はこれまでとは激変しました。消費者はネット上でショッピングすることが当たり前になり、ネット通販市場は年々拡大を続けています。

　こうした状況を背景に、「自社でもネット通販を始めたい」と考えている方は少なくないと思います。また、「ネットショップを立ち上げたものの、なかなか思うように儲からない」と悩んでいる経営者もいるでしょう。本書は、そうした方々にネット通販のノウハウをお伝えしたいという意図から誕生しました。

　当社はインターネットの本格出現から約4年後の1999年から15年以上にわたり、ネット通販における「自社本店・専門店・直販店」のサポートを行ってきました。これまで支援してきた5万店を超える顧客（ネット通販の直営本店）の実績から浮き彫りになった共通の成功ノウハウをメソッド化し、現代社会の新しい小売り法則としてまとめたのが本書です。

　この本はネットで通販をする方法ではなく、通販をネットで行う方法を紹介したものです。つまり、目的はあくまで「通販をすること」です。その手段として「ネットを使う」というのが大きなポイントです。

　ネット通販を作業面からとらえると、お店（ページ）を作り、集客し、売上を高め、リピートを促すことです。具体的にはページ制

作と広告宣伝、リピート施策などです。

しかし、やみくもにこれらを実施しても儲かるわけではありません。まずはネット通販独自の商売の構造とポイントを理解することが大切です。そのほうが早く上手に商売を回すことができるのです。

ページ作りや集客方法などについての情報はたくさんあります。しかし、ネット社会＆スマホ時代の消費構造に沿って商売の構造を説明した本はなかなかありませんでした。本書は、当社の社員研修やお客様向けセミナーなどで蓄積された内容を整理して1冊にまとめたもので、変化する消費者市場をふまえた上でネット通販を成功に導くためのバイブルになっています。

本書の最大の特徴は、当社の長年のポリシーでもある「専門店時代の小売」に的を絞っていることです。リアル店でも成功している多くの店が専門店化で確固たるポジションを得ていますが、とくにネット通販では、専門店化は勝つための基本戦略になります。

さあ、ネット社会＆スマホ時代の通販成功方程式を紹介しましょう。この「Eストアーメソッド」をぜひ自分のものにしていただきたいと思います。

株式会社Eストアー
代表取締役　石村賢一

売らずに買われるネット通販
CONTENTS

はじめに……2

Chapter 01
ネット社会・スマホ時代の通販市場を知ろう……11

- ① ネットとスマホが普及して消費環境はガラリと変わった……12
- ② 買い手と売り手が直接つながるネットビジネスで
  今、求められているダイレクトマーケティング……14
- ③ テレビや雑誌の広告よりオフィシャル情報や個人の意見が力を持っている……16
- ④ 自社本店にするのか？ 館出店型のお店にするのか？
  小売と卸売の違いを知って目的に合わせて考えよう……18
- ⑤ 個々の顧客と丁寧に向き合う「三河屋さん」的サービスを展開できるのが
  ダイレクトマーケティングの強み……20
- ⑥ 実年齢より2割引きの「生活年齢」を意識したマーケティングでネットビジネスはうまくいく……22
- ⑦ これからの日本は人口減少社会が進むがEC人口はますます増えていく……24
- ⑧ これからの時代、モノは売れなくなり心やつながりを重視するコト消費が増えていく……26
- ⑨ デジタルの時代から人肌感覚や心地よさを求める「デジタル上のアナログ」時代に……28
- ⑩ リアルもネットもコンビニ型店、専門店、イベント型店の3業態以外は今後消えていく……30
- ⑪ 売る側と買う側のギャップを埋めて消費者に支持される専門店を目指そう……32

Chapter 02
本当の良品&良店とは……35

- ① 消費者の求めている品が「良品」であり良品を揃えている店が「良店」になれる……36
- ② 顧客イメージを明確にすることが良品を揃えるための第一歩……38
- ③ 良店とは高い専門性を備え特定の人にとことん愛される店……40

Chapter 03
ネットショップを成功に導くには……43

- ① ネットショップを成功させるための基本的な方程式「NSK」……44
- ② 「集客」する方法は大きく分けて3つある……46
- ③ 集客のコツ①良いページを作り続けることで集客効果が積もり積もっていく……48
- ④ 集客のコツ②サイトの構造をしっかりと把握し検索エンジンに評価されるページ作りを……50
- ⑤ 集客のコツ③思いどおりに消費者を店に誘導するネット通販の広告宣伝は一瞬の力技……52
- ⑥ 集客のコツ④実際に広告宣伝をするときには集客数よりも投下資金効率を見る……54
- ⑦ 集客のコツ⑤広告の投資効果は売上額での算出から始め、最終的には利益ベースによるチェックへ……56
- ⑧ ページ作り系と広告宣伝系どちらを優先すればいい?……58
- ⑨ 来店客にいかに買ってもらうか? ネット通販成功の第一歩は「転換」……60
- ⑩ 転換率アップの知恵①ページあたりの滞在時間14秒が購買転換への分岐点になる……62
- ⑪ 転換率アップの知恵②カゴ落ちを防ぎレジに来てもらうには迷いを与えないことが肝心……64
- ⑫ 購入単価を上げられれば早くからの利益化が可能になる……66
- ⑬ 客単価をアップするには購買量や購買金額を増やす工夫を……68
- ⑭ 華やかなページの「にぎわい」がネットショップを爆発的繁盛に導く……70

Chapter 04
店舗に魂を込めるには……73

- ① ページ作りイコール店作り　文章と写真の表現力が商売を左右する……74
- ② 魂が込められた写真とは機能写真ではなく情景写真……76
- ③ 商品に対するこだわりをあらゆる言葉を駆使して表現する……78
- ④ 文章に入れる基本3要素は「数値とスペック」「評判と商品解説」「印象と品質感」……80
- ⑤ 商品の活用法にも魂を込めれば売上が3倍になることも……82
- ⑥ ページ制作の作業自体は外部に委託する方法もOK……84

Chapter 05
超・専門店になるには……87

- ① 自社本店の専門性を高めるための方程式「ネット通販本店基礎」(NHK)……88
- ② 専門品を圧倒的に増やして専門店らしさを醸し出す……90
- ③ 「唯一」を持つことで競争のない未開拓市場を切り開ける……92
- ④ 世界観を絞り込むことでターゲットが明確になり唯一化できる……94
- ⑤ 専門の情報を多く揃えれば集客率はアップする……96
- ⑥ 多くの情報コンテンツで売り場面積を増やし自店ページに消費者を誘導する……98
- ⑦ 情熱を傾けた情報コンテンツは自社の大きな財産になっていく……100

コラム　ネット上の立地を良くするには……102
　①ネットでの立地は複数の自社関連サイトの集合体
　②他社運営の専門メディアへの参加
　③自社が運営する本店外メディアを徹底活用

08 ファン化を強力に進めることがネット通販の安定経営のために大切……108

ファン化を進めるポイント……110
　①ファンを増やすだけでなくROIで成果をチェックしよう
　②メールやメルマガを徹底活用してリピートとクチコミを増やす
　③一瞬で記憶に残るコンテンツでメール、メルマガの閲読率を高める
　④自社本店・専門店のメルマガ効果はモール店の数倍にもなる
　⑤リアルイベントに参加することでも大きな拡散効果が得られる
　⑥ファミリーセール、謝恩祭などの自社内ネットイベントでVIP対応を
　⑦商品周辺のコト軸を基本に定期購入につながるイベントを実施
　⑧お得意さん限定のクーポンやセールで特別感を提供する
　⑨顧客の嗜好とタイミングに合わせた商品提案や情報提供を
　⑩専門性を明確化して顧客にとって「必要な存在になる」ことが重要
　⑪顧客がお店に「参加」するための理由を作ってファン化を進める
　⑫「今買ってもらう」よりも「また来てくれる」を重視しよう
　⑬来店してもらう「理由」を作れば顧客は継続して来店する
　⑭共催イベントに参加して集客を高める「中華街効果」を狙う
　⑮誕生日や血液型などを登録するのは店への信用度が高い証拠

Chapter 06
シンプルで効果的なマーケティングを考えよう……119

- ① マーケティングとは市場のニーズを知ってそれに合わせること……120
- ② 顧客と商品がネットで接触する「インタイム」の限界は1日2時間弱……122
- ③ 顧客の財布のどこに入り込むか？ ペルソナごとに「インワレット」を考える……124
- ④ 顧客が行動するイベントを知りそこに自社商品を合わせていく……126
- ⑤ 顧客が行動するトレンドに乗る「オントレンド」でイベント以上の効果を……128
- ⑥ 情報の超拡散性や超即効性という「ダブル加速の構造」を理解しよう……130
- ⑦ 顧客ニーズと競合社それぞれに対して自社をどう適合させてればよいのか……132

Chapter 07
賢くコストをかけるには……135

- ① ネット通販での商売の鍵を握るお金の賢い使い方を学ぼう……136
- ② 商品費（S）は利益を出すための費用　原価を下げることで利益幅が大きくなる……138
- ③ 販促費（P）は売上を上げるための費用　いかに多くの販促費を確保できるかが勝負……140
- ④ 事業費（C）は原則的に固定費　必要になるまでは極力低く抑えよう……142
- ⑤ 積極コストと消極コストを使う　優先順位を間違えてはいけない……144

巻末付録

事業の成果がひと目でわかる！
月商ステージ別損益計算書 …… 147

- 一般的なものとは異なるネット通販独自の損益計算書の見方…… 148
- 月商ステージごとの受注数とそれを得るために必要な集客数や購買転換数を知ろう…… 150
- モデル1　月商50万円ステージ　年商600万円モデル…… 152
- モデル2　月商100万円ステージ　年商1200万円モデル…… 153
- モデル1・2解説　最初に100万〜300万円を資金投下することが
　　　　　　　　利益を出す布石になる…… 154
- モデル3　月商500万円ステージ　年商6000万円モデル…… 156
- モデル4　月商1000万円ステージ　年商1億2000万円モデル…… 157
- モデル3・4解説　月商500万円に転じるターニングポイントは月商166万円…… 158
- モデル5　月商5000万円ステージ　年商6億円モデル…… 160
- モデル6　月商1億円ステージ　年商12億円モデル…… 161
- モデル5・6解説　利益を抑えて継続投資に回すことで月商1億円の世界が見えてくる…… 162

おわりに…… 164

01

Learn about smartphone era and
online society mail-order markets

Chapter 01

ネット社会・スマホ時代の
通販市場を知ろう

01
Inviolable rule

ネットとスマホが普及して消費環境はガラリと変わった

ネット社会が消費者にもたらしたメリット・デメリット

メリット

増えたこと
情報　即時
自由度　選択

減ったこと
手間　距離
重さ　わずらわしさ

デメリット

増えたこと
操作　混迷
電池（充電）の不安

減ったこと
人肌や体温

インターネットとスマートフォンの普及で消費環境は大きく変化しました。ネット社会で商売をするには、その変化の本質を知った上で、商売の普遍的なセオリーを適用する必要があります。変化のポイントは、消費者がモノと出会う「情報の流れ」と、モノを手に入れる「行動の方法」の2つです。

「情報」は、量が膨大で、入手方法も簡単かつ選択可能になり、ほぼ無料で、即時に得られます。「行動」は、距離、時間、手間、重さなどの制約から自由になり、簡単、迅速になりました。地の利格差も減っています。

こうした変化による消費者のメリットは、お店も商品も簡単に探せ、比べて選ぶ自由があることです。居住地や時刻などの制約なしに購入することができ、持ち帰るわずらわしさもありません。

ところが、デメリットもあります。実物を見ないので商品の質感がつかみにくく、画面上で検索する手間もかかります。電池消耗不安もあるでしょう。最大のデメリットは人肌感がないことです。たとえば、「これはどこにありますか？」「右の棚です」と5秒で解決できることが数十秒もかかります。

ネットショッピングは情報入手も購買行動も消費者主導です。店側主導で「売る」ことは不可能で、「買ってもらう」ことが必要になります。こうした前提で、消費者にメリットを強く感じさせるとともに、デメリットを解決することが商売繁盛の秘訣になります。

Inviolable rule

買い手と売り手が
直接つながるネットビジネスで
今、求められている
ダイレクトマーケティング

インターネットの本質は「中抜き」だといわれます。かつての商取引ではメーカーと小売の間に卸売業者が入っていましたが、インターネットではこうした中間の流通チャネルは省かれていき、買い手と売り手が直接つながろうとします。これが「中抜き」です。

旅行商品を例に説明しましょう。以前は、旅行代理店が交通や宿泊などの情報提供やチケット販売を代行し、代理店は卸元には買入の保証を行い、消費者には利便性や相談できる安心をもたらしていました。ところが、ネットが完全普及した今では、飛行機もホテルもその情報と販売が直販になり、すべて手の中のスマホから最短距離でアプローチできるようになりました。インターネットやスマホが媒体であり、購入窓口でもあるのです。

物販も同じです。中間機能がどんどんなくなり、「ダイレクトマーケティング」が求められています。モールのまとめサイトによる利便性は存在しますが、情報的にも金銭的にも買い手と売り手がエンドツーエンドでつながることが、双方にとって最も利益が大きいのです。とくに、専門品の店ではモールの共通ポイントも相互のメリットになりません。

航空会社やホテルのサイトを例にとると、サイト訪問のたびに会員名やポイント残高がパーソナライズ表示され、よく訪れる地域情報が優先案内されるなど、消費者にとっては顧客管理がきちんとされたダイレクトマーケティングだからこその魅力があります。

03
Inviolable rule

テレビや雑誌の広告より オフィシャル情報や 個人の意見が 力を持っている

情報経路1	情報経路2
オフィシャルサイトのデジタル発信	第三者の意見で本音のデジタル発信

情報経路3	情報経路4
第三者の意見で恣意性がある発信	従前のアナログ発信（一思考でしかない）

- 極論でもなく1と2が最強の効き目である
- 自社サイトそのものがオフィシャルサイトである
- 1と2は届きやすいどころか取りに来てくれる
- 3と4はエンドツーエンドになっていない
- 3と4はそれが事実や本音であっても、支持は高くない

ネット社会では情報面でもエンドツーエンドです。そのルートは、売り手からの直接情報と消費者からの個人情報の２つに大きく分けられます。

　「直接情報」とは商品を提供する側が発する自前の情報です。スペックや価格などの公式な情報で、商品のベネフィットなどを知ることもできます。総合品で言えば、買うのはアマゾンだけど、商品はオフィシャルサイトで確認してからという消費者が少なくありません。

　「個人情報」は他の消費者の本音を知る情報ルートです。ブログや掲示板、ウォール、ツイートなどがあります。オフィシャルサイト内やモール内などの評判について、ポイント目当てなどのバイアスのかかった意見ではなく、第三者の本音を知ることができます。

　今や公式情報と大量の他人の経験に基づく意見の２つが、テレビや雑誌などの広告以上に力を持っています。したがって、この２つに適応することが繁盛の秘訣になります。

　情報としては、他にまとめサイトやアフィリエイト、店内に貼り出すレビューなどもあります。しかし、とくに若い消費者はそれらが広告収入や紹介収入目当てであったり、店の営業行為であることを見抜く能力に長けているので効果は期待できません。

　また、従来からのアナログメディアにも一定の効果があります。とくに専門品、専門店は、専門誌や専門媒体で力を発揮します。

04 Inviolable rule

自社本店にするのか？
館出店型のお店にするのか？
小売と卸売の違いを知って
目的に合わせて考えよう

		自社直営店	他社館出店
消費者側から見ると…	消費者からの見え方	小売店	小売店
	消費者の優先ニーズ	満足度	経済性
事業者側からすると…	顧客の姿と顔色	よく見える	ほとんど見えない
	顧客は誰のお客か	自社のもの	館社のもの
	商品調達リスクと費用	自社	自社
	商圏	ネット経済圏	館経済圏内
	比較と競争	品質競争	価格競争
	イベントやセール	自社	館社
	その広告宣伝費用負担	自社	自社
	自社が行っている業態	小売業	卸売業

ネット通販では、直営の自社本店にするか、他社の館出店型にするかの選択肢があります。消費者から見ればどちらも小売店ですが、売り手から見ると館で売るのは卸売か委託です。この違いを知り、「売りたいのか売ってほしいのか」「求めるのは利益か売上か」「顧客をほしいのかそうでないのか」など目的に合わせて考えましょう。

消費者目線で「本店」と「モール」を比べるとわかりやすいと思います。モール出店は商品も商店も選べる利点があります。ただし、「価格」が重要な競争基準になり、値引き、ポイント、セール、イベントへの依存が強くなります。一方、自社本店は消費者の「欲しい」という動機から選ばれ、価格よりも品質や情報、専門性が求められます。価値や満足を売るのが直販小売店である自社本店です。

自社本店の経営メリットは大きく3つ。①顧客が自社の顧客になる、②比較と価格競争に陥らないので利益が多い、③消費者との直接対話が可能、ということです。これに対して、館出店では販売量は上がるものの、売上や利益は出にくく、顧客との深い接点は持てません。さらに、モールは実態は卸売であるのに、自社がイベントセールでの割引やポイント負担をするという構造があります。マーケットプレイスへの出店はこうした広告宣伝などの費用はかからないので純粋な卸売に近いですが、それでも価格や比較競争に左右されるということも理解しておきましょう。

Inviolable rule

個々の顧客と丁寧に向き合う「三河屋さん」的サービスを展開できるのがダイレクトマーケティングの強み

専門通販向き
・心ある情熱的な経営
・少数個別対応で深掘り優先
・回転率よりもリピート率
・「三河屋さん」経営

総合通販向き
・安さ早さを求める経営
・大量対応でその歩留まり向上優先
・リピート率よりも回転率
・ビッグデータを活用する経営

ネット社会ではハートや体温、融通、対話が希薄化されます。実は、ここにネット社会スマホ時代におけるネット通販成功のヒントがあります。

　ネットの利便性だけに頼っていてはすぐに商売の限界がやってきます。みなさんは日々送られてくる大量のメルマガやクーポンにうんざりしていませんか？　こうしたビッグデータやアドテクノロジーを利用したマーケティングに、売り手も買い手も疲れています。

　それに比べて自社本店によるダイレクトマーケティングは、売り手と買い手が情報を相互に絞ることができ、無駄や苦労、ストレスが少なくなります。無差別に大量の情報を送りつけるのではなく、個々のお得意さんごとに、嗜好や家族構成、生活などを理解して、適時適宜に体温やハートを伴って案内できるのが、ダイレクトマーケティングの強みです。

　専門通販では、サザエさんの「三河屋さん※」的サービスをネットで展開することをお勧めします。主婦向け家庭商材を扱うA社は創業当初、800人の顧客について過去の注文や嗜好、家族構成、活動時間をノート30冊で管理し個別メルマガを送り、2年目決算で年商6000万円、利益率24％の企業になりました。一方、同時期に同じ仕入商品を扱う大手デパートはわずか年商800万円。多額費用を広告宣伝やページ制作に投じ、大量のメルマガを送っていましたが、個々の顧客管理やビッグデータ経営は行っていませんでした。

※磯野家に出入りする酒屋。得意客の家に出向いて注文をとり、商品を届ける。

06
Inviolable rule

実年齢より2割引きの「生活年齢」を意識したマーケティングでネットビジネスはうまくいく

30年前と比較した生活年齢

生活年齢＝実年齢×80％
ただし25〜30歳を境にそれ以下は120％

(歳)

実年齢	20	25	30	35	40	45	50	55
生活年齢	24	30	24	28	32	36	40	44

最近、実年齢よりも若々しい人が増えています。30年前と比較すると、私たちの生活年齢（精神年齢）は実年齢の2割ほど若くなっています。生活年齢の若年化はこれからもますます進むでしょう。この点に着目したマーケティングを行うことで売上は伸ばせます。

　つまり、40歳なら8歳若い32歳、50歳は10歳若い40歳、30歳は6歳若い24歳というように、2割引きの年齢で考えて商品、見せ方、伝え方をアジャストすることで、購買動機を広げることができます。なお今日、EC（電子商取引）での最大金額消費年齢は女性46歳、男性51歳で、それぞれのスマホ所有比率は前者が8割、後者が6割です。

　現在、すべての商材において趣向が若くなっているのですが、1つ注意点があります。それは若い人の場合は割引ではなく「割増」で考えることです。業種などにもよりますが、25～30歳を境にして割引から割増に逆転計算することが大事です。若い人ほどカッコイイを好み、高齢になるほどカワイイを好む傾向があるからです。

　他に古今東西変わらぬ心理マーケティングでは、女性より男性のほうが精神年齢の低い傾向が強く、男はいつまでも夢やロマン、理想郷といった動機で商品を購入し、女性は年齢とともに現実直視傾向が急速に進みます。

　いずれにしても、高齢化が進めば消費する期間が長くなるので、生活年齢の低下は商人にとってはわくわくしてしまう話です。

07
Inviolable rule

これからの日本は
人口減少社会が進むが
EC人口は
ますます増えていく

[20年後の国内人口は1000万人減るが
EC人口は今よりも700万人増える]

現在	完全スマホ世代 の現在20±5歳 ↓	デジタル・ネイティブ の現在35±5歳 ↓
20年後	40±5歳になり、 消費主役世代になっている 同世代ECネイティブは、 現在比で250万人増	子育て、ローン、介護の時期を 終えて、55±5歳になり、 若齢化もありEC消費層拡大 同世代ECネイティブは、 現在比で350万人増

さらに、現在の50±5歳が、70±5歳になるが、
デジタルデバイドは減り続け、EC現役は現役比で100万人増

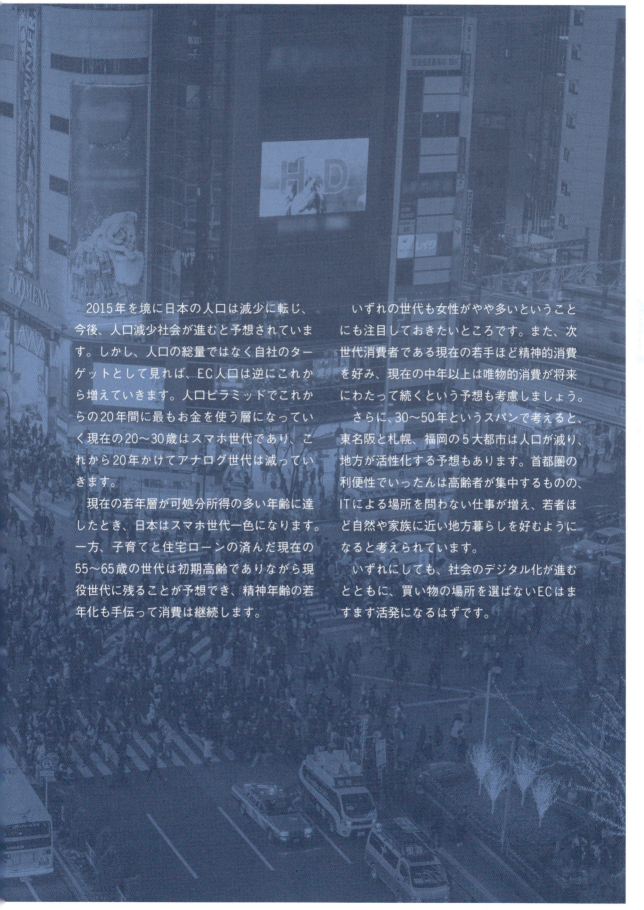

　2015年を境に日本の人口は減少に転じ、今後、人口減少社会が進むと予想されています。しかし、人口の総量ではなく自社のターゲットとして見れば、EC人口は逆にこれから増えていきます。人口ピラミッドでこれからの20年間に最もお金を使う層になっていく現在の20〜30歳はスマホ世代であり、これから20年かけてアナログ世代は減っていきます。

　現在の若年層が可処分所得の多い年齢に達したとき、日本はスマホ世代一色になります。一方、子育てと住宅ローンの済んだ現在の55〜65歳の世代は初期高齢でありながら現役世代に残ることが予想でき、精神年齢の若年化も手伝って消費は継続します。

　いずれの世代も女性がやや多いということにも注目しておきたいところです。また、次世代消費者である現在の若手ほど精神的消費を好み、現在の中年以上は唯物的消費が将来にわたって続くという予想も考慮しましょう。

　さらに、30〜50年というスパンで考えると、東名阪と札幌、福岡の5大都市は人口が減り、地方が活性化する予想もあります。首都圏の利便性でいったんは高齢者が集中するものの、ITによる場所を問わない仕事が増え、若者ほど自然や家族に近い地方暮らしを好むようになると考えられています。

　いずれにしても、社会のデジタル化が進むとともに、買い物の場所を選ばないECはますます活発になるはずです。

Inviolable rule

これからの時代、モノは売れなくなり心やつながりを重視するコト消費が増えていく

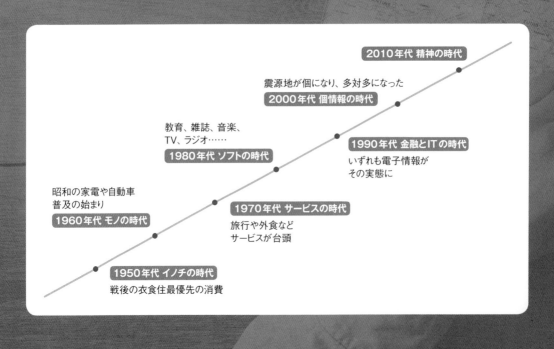

- **1950年代 イノチの時代**
  戦後の衣食住最優先の消費
- **1960年代 モノの時代**
  昭和の家電や自動車普及の始まり
- **1970年代 サービスの時代**
  旅行や外食などサービスが台頭
- **1980年代 ソフトの時代**
  教育、雑誌、音楽、TV、ラジオ……
- **1990年代 金融とITの時代**
  いずれも電子情報がその実態に
- **2000年代 個情報の時代**
  震源地が個になり、多対多になった
- **2010年代 精神の時代**

よくいわれてきたことですが、時代は「モノ消費」から「コト消費」に向かっています。市場が成熟し、すでに必要なモノはほとんど手に入ったため、人々の関心は所有欲を満たすよりも、趣味や行楽、サービス、人間関係などに重きを置いて支出することが購買の判断基準になっています。このコト消費には、コト化したモノも含まれますし、コトで伝えることでモノも売れるという構造もあります。

　時代の変化がそのことを示しています。生きることが最優先だったイノチの時代から、豊かさを求めてモノへ、そしてモノからサービスへ、サービスもハードからソフトへ、さらに情報へ金融へと全体がモノからコトへ流れています。

　この流れの先には、消費物の質量が軽くなり、情報化が進み、精神や心理をより重視する時代の到来があるはずです。消費も間違いなくこの方向にあります。本書の中心である「自社本店・専門店」にシフトする世界です。これからの価値は、安い、早いではなく、良いもの、良いこと、良い空気感です。人々は安心や優しさ、信用、嬉しい、楽しいといった精神的な満足を求めます。この傾向はスマホネイティブ世代が後押しするでしょう。

　作家で元経済企画庁長官の堺屋太一さんが20年も前から「イベントの時代」を予測していました。これもモノからコトへのシフトの延長線上にあることで、モノ売り商業にも適用できる点が多々あると思います。

Inviolable rule

デジタルの時代から人肌感覚や心地よさを求める「デジタル上のアナログ」時代に

ヘタをするとミスマッチが起きている

昭和感覚の売り手
安いの大好き
大量は良いこと
熱血が大切
より早く
より遠くまで
デジタルに

平成の先にいる買い手
安心安全自然
少しで十分
心地よい空気
ゆっくりゆったり
近い距離感で
アナログで

モノ社会からコト社会への変化は、たとえば電化製品などハードにも現われています。以前は多くの機能や性能が重視されましたが、最近は、性能は一点集中でシンプルなもの、性能よりもデザインなどが重視される傾向にあります。また、多様化とデフレ、流行の回転速度が速まっていることから、同一大量生産から個別小ロットへの変化も起きています。

　田中靖浩さんの著書『良い値決め　悪い値決め』(日本経済新聞出版社)に、「DOGビジネスからCATビジネスへ」というくだりがあります。これは、D(デジタル)、O(オンライン)、G(グローバル)から、C(コージー)、A(アナログ)、T(タッチ)へという意味で、効率や経済性から、心地よく人肌感のあるアナログへのシフトが説かれています。

　ECでの小売を考えると、デジタルとオンラインは不可欠です。これは否定すべきことではありません。着目すべきは、デジタルオンライン上でどう商売を展開するかということです。その答えがCATではないでしょうか。つまり、デジタル上でアナログ、コージー(居心地の良さ)、タッチ(触れ合い)を目指す時代に変わりつつあるのです。

　最近の若者は「ゆとり」「さとり」の世代といわれています。その心理的原点は、昭和感覚ではわからない満腹感とうんざり感、うっとうしい感にあると思います。良いモノやコトを少しだけ選択し、親近感を優先するようになると予測しています。

Inviolable rule

リアルもネットも コンビニ型店、専門店、イベント型店の 3業態以外は 今後消えていく

コンビニ型店
ネットを含む
"近さ""速さ""安さ"
に人が集まる。
生活の
即利便が目的

専門店
集まる理由は
欲求と価値の充足。
心を
満たすことに
お金を使う

イベント型店
楽しさと空気に
人が集まる。
お金よりも
時間と空間を
得たい

私は将来生き残る小売店は、リアルもネットも、コンビニ型店、専門店、イベント型店の3業態だと考えています。生活必需品、消耗品などは「コンビニ型店」が受け持ちます。ネットではアマゾンのような総合品ですが、日中はリアルが減りネットが優勢になるでしょう。また、アマゾンはドローンの離発着場に確保する倉庫がそのままリアル店になっていくと思われます。リアルコンビニは営業時間が夜間だけの「イレブンセブン」になるかもしれません。夜間はドローンが飛行できないからです。

　生活必需ではないものの特定の人には絶対に必要である物事、個人のこだわりと価値観を担うのが「専門店」です。より進むのはネットです。急ぐ必要がないのでリアル店である必然性が薄いからです。すでに先端企業が行っている、リアル店を広告看板化、ショールーム化、カタログ化し、パーソナライズ対応したネット店で収益を取るやり方は、10年後には標準的になっているでしょう。

　何かを買いたいというよりも、遊びに行きたいという消費者ニーズを担うのが「イベント型店」です。事実、イベント性の高いアウトレットモールやISETAN、蔦屋など空気感で支持されている店舗は不況知らずです。イベント型は、時間を消費することが目的なのでリアルに軍配が上がります。

　ネットでは専門店を極めるのが成功の秘訣です。イベント性を併せ持つことも可能です。

Inviolable rule

売る側と買う側のギャップを埋めて消費者に支持される専門店を目指そう

事業者の感覚
＝
モノの価値
- たくさん
- 大きい
- 安い

消費者の感覚
＝
ココロの価値
- コミュニケーション
- ゆるやかさ
- いいね

大きなギャップ

2015年の年末商戦では過去最大規模のテレビCMを流し、モールとオークションの大手5社はこぞってポイント何倍、送料無料という同じ競争を展開しました。ところが、成果は前年と変わらなかったそうです。消費者はもはやそういうことを求めていないのです。

　ここには、事業者世代の感覚と消費者世代の感覚のギャップがあります。売る側はバブル経験世代なので「たくさん」「大きい」「安い」が大好物です。でも、消費者側は「ゆとり」「さとり」の世代に中心が移りつつあります。彼らは「ファスト〜」離れしていて、イベント好き、フェス好き、コミュニケーション好き、いいね好きで、贅沢や出世よりも、ゆるやかさや精神価値に重きを置きます。

　こうした時代に事業者側が考えるべきは多様化の中での選択と集中です。生活総合品は激しい価格競争がさらに進み、超大資本以外は参戦困難になっていきます。しかし、誰もが生活の中で1つ2つはこだわりを持っています。このこだわりへの価値は直販や専門店でなければ提供できません。今はネットとスマホによってそれができる環境にあります。多様の中から得意の一部に絞り込んで、集中してしっかり深掘りできる自社本店・専門店はデフレ経済のもとでも優位だといえます。

　空気、空間、価値、満足を売る時代です。独自の世界観で支持される専門店を目指してほしいと思います。

02

What is a really good product or store?

Chapter 02

本当の良品＆良店とは

本当の良品&良店とは

Inviolable rule

[消費者の求めている品が
「良品」であり
良品を揃えている店が
「良店」になれる]

消費者の期待を理解すれば
売れる仕組み作りが見えてくる

　繁盛しているネットショップに共通している最重要項目は「良品」と「良店」です。とくに、良い品が揃っていることは繁盛の第一条件です。そして、顧客にとっての良品を取り揃えている店はすなわち良店として認識されます。本章では主に「品」に関わる部分から、良品、良店について考えてみましょう。

　まず、良品とは何でしょうか。それは消費者の立場になって考えてみればすぐにわかります。あなたは、百貨店やモールに何を期待しますか？ そこで売っているのは量販向きの一般的な商品、大衆品が中心です。品揃えが多いので商品を比べることができる一方で、専門性の高い商品の選択肢は少なく、無難なものしか手に入りません。

　では、アウトドア用品、趣味の釣具、お気に入りのデザインのアパレル、健康志向のオーガニック商品、専門のデニムなど、マニアックな商品がほしいときはどうしますか？「やっぱりあの店だな」と、誰もが特定の小売店や専門店に足を向けるのではないでしょうか。

　これが答えです。取り揃える商品の違いを理解して自社本店のコンセプトを定めれば、商品構成やWeb上での展開など売れる仕組み作りが見えてきます。まずは商品力です。

　量販向きの一般的な商品、大衆品は卸売でしか売れません。逆に、専門志向の強い商品は卸売では売れにくく、売れたとしても利益は薄くなります。ところが、実際には意外なほど、消費者の期待とは真逆の品揃えをしているケースが少なくありません。ネットショップの経営者も消費者の一人であり、モール店で買い物をすることもあります。だから、ついその真似をしてしまいがちです。これが大きな落とし穴です。

　ただし、後述しますが、量販卸売向きの商材であっても、自社本店で売れるようにする「専門店化」という方法もあります。

　まずは、専門小売店とモール店の違い、それぞれに対して消費者が何を期待しているかを理解しましょう。そうすれば、あなたのネットショップにとっての良品・良店が何かを見つけることができるはずです。

自社本店に消費者が期待する商品・商店

モノ
- 専門品
- 非型番品
- 生産品、製造品、ハンドクラフト品
- 知っている人は知っているもの
- その筋の人気品、定番品、新作
- 特定の人が憧れているもの
- そこでしか買えないもの

店
- 専門商品の選択肢の多さ
- 専門性の高さ
- ディスプレイや空間
- 確実にその筋の人気品がある
- 価格より専門性や希少性
- ポイントより貴重品レア品
- すぐ届かなくても確実に届く

自社本店に消費者が期待していない商品・商店

モノ
- 大衆品
- 型番品
- 耐久消費財
- TVなどで有名なもの、世間流行品
- 一般的な人気品、定番品、新作
- みんながほしがっているもの
- 比較的どこでも入手できるもの

店
- 店の選択肢の多さ
- 自由に店を選べる
- 陳列、圧縮
- 確実に一般人気品がある
- 値段の安さ
- ポイントがもらえる
- すぐに手に入り、早く届く

本当の良品&良店とは

Inviolable rule

[顧客イメージを
明確にすることが
良品を揃えるための第一歩]

商品自体に良し悪しはない
誰にとっての良品かを考えよう

　良品を揃えることが繁盛するネットショップを展開するための大原則。とはいえ、そもそも商品自体に良し悪しはありません。ある人にとっては必要で、入手すると嬉しいもの。それが良品です。

　まずは、自社にとっての顧客が誰であるかがはっきりしていないと良品を決めることができません。売れるショップには「ペルソナ」がいます。ペルソナとは典型的な購買者（顧客）像のこと。ネット本店はリアルと比較してペルソナの絞り込みがしやすく、情報の到達も簡単です。

　また、繁盛店の絶対条件は商品の品質の高さです。専門分野に特化しているのが自社本店・専門店の特徴なので、商品自体が一般的では誰も見向きもしません。高品質・希少価値など商品そのものの価値の高いことが良品としての最高の強みです。

　専門品の品揃えの多さも重要です。特定専門分野については自社にしかない商品はもちろん、他で買えるものも含めて多くの専門品を集めましょう。たとえば、ワインなど一般的な商品でも保存の良いものがきちんと揃えばそれだけで良品になり、専門性となります。

　さらに、高売上店に共通するのは、経営者が自社商品に尋常ではない愛と情熱を持っていることです。そのこだわりが良品を作ります。商品愛はストーリーも生みます。ストーリーのある商品も良品になります。一般大衆向けの大型小売店のPOPに大きく書かれているのは値段や割引率ですが、そこに産地や特徴などが書かれていれば、それはすでにストーリーになっています。

　商品と店のコンセプトを明確にすることも大切です。商品の強みと弱み、店長が考える店の好きな部分と嫌いな部分を書き出したら、それぞれの"プラス面"からコンセプトを考えます。そこから無駄なものをそぎ落とすことで、コンセプトをより明確に際立たせます。

　良品作りの最後にお勧めするのは、専門分野の中の「人気・定番・新作」を用意しておくことです。消費者ニーズに従うだけでなく、専門店としてこの3つを自社で作り出しましょう。

良品を揃える**7**つのポイント

①	**顧客像を明確にする**	顧客像をはっきりさせることで、メインターゲットが求める良品を揃えることができる。
②	**品質の良さ**	繁盛店の絶対条件は、商品そのもののクオリティがずば抜けて高いこと。
③	**専門品をたくさん揃える**	多くの専門商品を揃えて、特定専門分野の商品にめっぽう強い店と認知してもらう。
④	**商品への愛と情熱**	自社商品に対する経営者の強いこだわりが消費者に伝わって明確な良品になる。
⑤	**商品にストーリーがある**	商品愛によって生まれたストーリーが良品のイメージをさらに強化する。
⑥	**商品と店のコンセプトを明確に**	良品を所有していても売上が伸びなければ商品と店のコンセプトをはっきりさせる。
⑦	**人気・定番・新作を用意する**	専門品の「人気・定番・新作」を揃えることが呼び水やまき餌の役割を担う。

本当の良品＆良店とは

Inviolable rule

[良店とは高い専門性を備え
特定の人に
とことん愛される店]

消費者は専門店に対して
その道のプロの対応を期待している

　昔から商売の秘訣は「良品、良店、良い店員」といわれるように、良品を揃えるとともにもう1つの大きな絶対条件が良店です。自社本店にとっての良店とは「専門店」であることです。百貨店や総合店はカテゴリーに関係なく一般的な商品を揃えています。専門店はそれとは逆で、特定分野の商品に絞り込みます。ただし、その分野ではどこにも負けないバリエーションが揃っています。安い価格や得られるポイントではなく、商品そのものの魅力で顧客を惹きつけることができるのが専門店らしい顔立ちです。

　専門店は「情報」についてもプロでなければいけません。自社本店にあってモール店にないものは「情報の専門性」です。リアル店舗でもそうですが、専門店にはその筋に詳しい店長や店員がいます。ネット店でも同様で、それが専門店の特徴となり、消費者の期待に応えることになります。具体的には、専門家の切り口ならではの専門情報をWeb上の文章や写真で魅力的に伝えることが必要です。そこには商品外の情報も含まれます。たとえば、スキー関連であればゲレンデ情報、食品関連ならレシピなど、直接的な商品情報以外に関連する情報ページも充実させることで専門店としての認知度が高まります。これらは集客にも高い効果があります。

　また、世界観も1つの立派な専門性です。一般流通品にもかかわらず、専門店における成功例の1つがセレクトショップです。全品が月並みな仕入商材でありながら、セレクションで100億円近くを叩き出すインナー店、バイクパーツ店、産直店などがあります。スタイルという空気感的な切り口でセレクトを絞り込み、独特の世界観を作り上げてそれを際立たせる方法はきわめて有効です。

　パーソナライズも良店化に有効です。ネットに強い傾向として、消費者は自分の興味を店側は把握していることを前提に、有用な情報提供を求めています。ダイレクトマーケティングは本店・専門店・直販店だからこそ効きます。メルマガなども、ユーザーごと個別、あるいは群像ごとに分けた情報を提供できることが専門店のアドバンテージになります。

良店にする4つのポイント

ポイント ①
専門店の顔立ちをしている

特定分野の商品には絶対的な強みを持ち、商品の魅力とその商品がほしいという消費者の思いが、値段やポイントを上回っているのが専門店らしい顔立ち。

ポイント ②
専門情報の宝庫である

専門店にあってモール店にないものは「情報の専門性」。その筋のプロだからこそ知っている商品の魅力や専門情報を消費者に伝えることで、専門店性がぐっと高まる。

ポイント ③
世界観がある

世界観があることも「専門」の1つ。セレクトショップのように、ペルソナを明確にしてセレクトの絞り込みによって店のスタイルを確立することも効果的な専門店化。

ポイント ④
こまやかな対応

ネット店に対して消費者は自分の興味を満たす有用な情報や提案を期待している。専門店はダイレクトマーケティングで顧客ごとにこまやかな対応をすることで良店になる。

Creating a path to success for your online store

Chapter 03

ネットショップを
成功に導くには

ネットショップを成功に導くには

ネットショップを成功させるための基本的な方程式「NSK」

集客、転換、客単価を日常的にチェックしよう

当社では、ネットショップを成功に導くためNSK、TBS、NHKという3つの基本方程式を提案しています。その基礎になるのが右ページに示した「NSK」です（TBS、NHKについては後述）。NSKというのは"ネットショップ基礎"の頭の文字をとって略したものです。これは小売店の基本構造を表わしていますが、ネット通販でも常に意識しておく必要があります。モール業態も含め、ネットショップ全般に通用する方程式なので、ぜひマスターしてください。良品を揃え、良店は何かを理解したら、いよいよこのNSKを始めましょう。

このNSKをベースとして、「TBS」や「NHK」というメソッドを実践することで商売は繁盛に導かれていきます。家屋でたとえれば、NSKが土台基礎であり、その上にNHK、TBSという建物があるとイメージしてください。

NSK方程式の要素は「集客」「転換」「客単価」「にぎわい」の4つです。

①**集客（来客数）**＝どれだけ多くの消費者が、お店に来店するかです。

②**転換（購買転換率）**＝来店者のうち、どれだけ多くが購入に至るかです。

③**客単価（購入単価）**＝購入した消費者が、どれだけたくさんお金を使うかです。

④**にぎわい**＝お店の明るさ、楽しさ、にぎやかさ、混み具合です。

この4つの要素は掛け算されることで効果を表わして「繁盛」につながります。具体的にいうと、乗算結果が販売数、売上高、利益額になります。

NSKは商売においてはごく当たり前の方程式です。そのため、日々の仕事に集中するほど忘れやすく、気づかないうちに落とし穴にはまってしまうことも少なくありません。とくに、集客、転換、客単価は数値で計測することが可能なので、日常的にチェックしておくべき項目です。にぎわいは、他の3要素の積にさらに掛け算して効果が出るので、効き目でいうと最も強いものになります。

逆に、にぎわいが欠けると、集客、転換、客単価がいくら良くても、そこにかけた労力（あるいはコスト）が発揮されにくくなり、経営効率が落ちます。

意識の根底に
おいておくべきNSKは、
家における「基礎」のようなもの

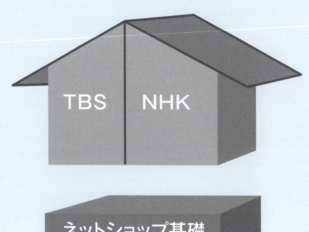

繁盛するかどうかは
下の方程式で表わせる

繁盛 ＝（集客×転換×客単価）×にぎわい

ネットショップを成功に導くには

inviolable rule

「集客」する方法は大きく分けて3つある

店舗にあたる自社サイトを制作しコンテンツ、広告宣伝を充実させる

NSKの最初の要素は「集客」です。集客方法は5つありますが、そのうち3つがどんなタイプの通販でもやるべき基本項目で、「ページ作り（SEM）」「ページ施策（SEO）」「広告宣伝」です。この他に、自社本店・専門店にとくに効き目があり、重要になる2つの集客方法があります。それは、立地による集客とリピートという集客です。

1 ページ作り（SEM）による集客

SEM（Search Engine Marketing）はインターネット用語で「検索エンジンから自社Webサイトへの訪問者を増やすマーケティング手法のこと」です。

簡単にいうと自社サイトのページ制作です。ページというのはアプリであればコンテンツに相当します。いずれも情報という意味です。ページは、リアル店舗でいえば店舗作り、内装、棚作り、ディスプレイ、小物にあたります。情報の量と質が生命線です。

2 ページ施策（SEO）による集客

SEO（Search Engine Optimization）もインターネット用語で「自社サイトが検索エンジンの上位に表示されるよう検索エンジンを最適化すること」です。

リアル店舗で考えると、POP、ポスター、のぼりのような店前のアイキャッチに近いものです。ネット通販では、具体的にはページのタグの設置や設定などのテクニカルな方法のことです。

3 広告宣伝

文字どおりの広告宣伝、告知です。即効性があり、集客をある程度コントロールすることが可能です。

4 立地による集客（詳細はChapter 05）

ネットでは情報とそこに集まる人が立地になり、好立地は自社で作るものです。総合店に比べ専門店（本店、ダイレクトマーケティング）で重要かつ効き目が高い集客施策です。

5 リピートによる集客（詳細はChapter 05）

これも専門店で重要かつ効き目の高い集客施策です。リピート商材でなくてもこのメカニズムを使えます。

ページ作り、ページ施策、広告宣伝が通販で集客する基本の3要素

ページ作りによる集客

自社Webサイトのページ（コンテンツ）制作による集客が基本中の基本。

ページ施策による集客

自社サイトに効率的にヒットするよう検索エンジンを最適化して集客する。

広告宣伝による集客

文字どおり広告宣伝による集客。ネット通販で売上を伸ばすには欠かせない。

ネットショップを成功に導くには

Inviolable rule

[集客のコツ①
良いページを作り続けることで
集客効果が
積もり積もっていく]

ページ作りには時間がかかる
即効性を期待してはいけない

　ページ作りは集客の基本。良いページを作ること、作り続けること自体がとてつもない集客につながります。この効果は長い間蓄積され、あとになるほど大きな集客効果を発揮します。良いページ作りのポイントは次の5つです。

1 たくさんのページ、品質の良いページ

　重要なのは、ページ数（文字数）が多いことと、ページの内容（品質）が良いことです。これによってSEO（検索エンジン最適化）の基本ができあがります。ページの量と質は、検索サイトのエンジンであるクローラーという情報収集ロボットが定期的に巡回しますが、クローラーは情報がより多く内容が良いほど、良いサイトだと自動的に判断・評価します。この良いページ作りによりSEOを良くすることがSEM（訪問者を増やすマーケティング）になります。

2 商品数が多いこと

　商品が多いことも重要。商品が多ければおのずとページ数も増えます。少ない商品数のわりにページ数が多いと、販売サイトではなく情報サイトに区分けされる危険があります。

3 更新頻度が高いこと

　更新頻度が高くページが常に新鮮であることも大切です。頻度が高いほど、活きているサイトと判断されます。検索エンジンもページの新鮮さを高く評価します。

4 店長ブログ／情報アーカイブ

　自社の独自性にも関わってくるのが、店長ブログや情報のアーカイブ（まとめ）です。これらが充実すればページ数も増えるので高い集客効果につながります。アメブロなどの外部ブログを使う例もありますが、自社サイトを強くするという点から、内部のブログを使うケースがほとんどです。

5 蓄積性と持続性が重要

　ページ作りによる集客は、充実させればさせるほど、つまりページが増えるほど集客効果が蓄積され、しかもそれが持続するという特徴があります。ただし、広告宣伝による集客と違って即効性は期待できません。ページに力がつくまでには、それなりの時間がかかることも理解しておいてください。

集客アップのポイント5

ポイント 1
たくさんのページ、品質の良いページ

ページ数が多いこととページの品質の高いことが重要。そういうサイトほど検索エンジンは高く評価する。

ポイント 2
商品数が多いこと

商品が多ければページ数も増える。商品が少なくページ数が多いと、販売サイトではなく情報サイトに区分けされるリスクが。

ポイント 3
更新頻度が高いこと

情報は鮮度が命。更新頻度が高いほど、訪問者は活きているサイトと判断するとともに、検索エンジンの高評価にもつながる。

ポイント 4
店長ブログ／情報アーカイブ

店長ブログと情報アーカイブもページ数を増やす要素に。自社サイトを強くするために、外部ブログではなく内部ブログを使おう。

ポイント 5
蓄積性と持続性が重要

ページ作りによる集客は、ページ数が増えていくほど集客効果が蓄積され、しかもそれが持続するという特徴がある。

ネットショップを成功に導くには

Inviolable rule

[集客のコツ②
サイトの構造をしっかりと把握し
検索エンジンに
評価されるページ作りを]

ページにタグを適切に埋め込み
リンクを整備し、検索エンジンに登録する

　ページ施策のポイントは大きく分けて3つ。お店ページの中にタグと呼ばれる「目印」を適切に埋め込むこと、外部リンク・内部リンクを整備すること、自社サイトを検索エンジンに登録することです（外部リンクについてはChapter05で説明します）。

1 **サイト構造、タグ、ディスクリプション**

　まずサイトの構造が重要です。トップページがあり、カテゴリー分類され、グローバルとサブのメニューが適切であるなど、整理された樹形構造のサイトであることが求められます。タグというのはサイト訪問者に見える文字や写真ではなく、クローラーだけに見えるマークのことです。これをページ内に書き込むことでクローラーはサイトの特徴を把握し記憶します。タグはルールにのっとった特殊な記号で表記します。また、検索されたときの結果表示を指定するのがディスクリプションです。どう伝えてほしいか、その内容をページごとに設定できます。サイトマップ登録も可能で、検索に大きな効果を発揮します。

2 **最新ルール対応のタグを打てるシステム**

　通販システムの選定に重要なのは、タグが自由に管理できること、最新ルールに対応していることです。当社の通販システムは自社専用ASP（アプリケーション・サービス・プロバイダ）で、標準で用意された機能が自動的にタグに対応しており、難しい専門知識がなくても最新の方式に準拠した最適なタグを埋め込むことができます。

3 **インデックス登録**

　検索エンジンに自社の存在を伝える作業を行います。クローラーに把握され記憶されることを「インデックスされる」と表現します。サイト登録、ページごとのインデックス、サイトマップ登録などの方法があります。

4 **内部リンク**

　自社サイト活性化に有効な施策が適切な構造の内部リンクを張ることです。グローバルメニューやサブメニューがある、適切なカテゴリーがある、関連リンクが整備されていることなどが重要です。

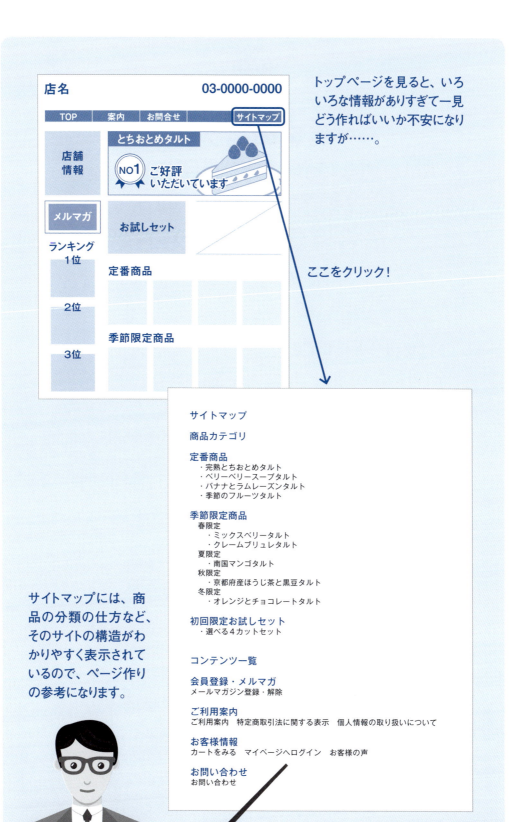

トップページを見ると、いろいろな情報がありすぎて一見どう作ればいいか不安になりますが……。

ここをクリック！

サイトマップには、商品の分類の仕方など、そのサイトの構造がわかりやすく表示されているので、ページ作りの参考になります。

ネットショップを成功に導くには

[集客のコツ③
思いどおりに消費者を
店に誘導するネット通販の
広告宣伝は一瞬の力技]

メリットは即効性と確実性
デメリットは蓄積性が低いこと

　広告宣伝はお店（自社サイト）の外に広告を出して、そこからお店に消費者を誘導する集客方法です。リアルな世界と同じく媒体費用がかかりますが、思いどおりに消費者を店に連れてくることが期待できます。

　具体的な方法としては、グーグルなどの検索結果ページの最上位などに広告を表示するリスティング広告、商品写真を伴って表示する商品販売用のディスプレイ広告（商品リスト広告：PLA）、ニュースサイトやブログサイトなどに配置するバナー広告が代表的です。

　また、これらいずれか、またはすべてを一度のクリック以降どこのサイトを訪れても自社広告を出し続ける追跡型広告（リマーケティング、リターゲティング）や、有名ブロガーのサイトに広告を出す方法、フェイスブックなどのSNSに広告を出す方法、個人のコンテンツで集客を代行し訪問者を転送してくれるアフィリエイト広告などもあります。

　広告の特性や効果、流行などは目的によってさまざまなので、基本的には専門家に委ねることをお勧めしますが、自社で行う場合は専門書やサイトで情報を得ましょう。

　実際の運用は、広告を出す媒体との契約から始まり、サイトと商品と市場の関係を分析し、適したクリエイティブを複数個作成して納品し、日単位・週単位で分析して入れ換えをしながら効果を上げていきます。当社などの専門業者では時間単位で効果順に入れ換えることも行っています。

　広告宣伝による集客のメリットは、ページ作りによる集客と比べて、即効性と強い効果にあります。

　ネット広告がテレビや雑誌などと比べて優位な点は「曖昧ではない」ということです。「だいたい何人が見た」ということではなく、ページを訪れて広告を見た人数や回数、時間などが確実にカウントされます。逆にデメリットは効果蓄積性が低いことです。ページ作りによる集客効果は蓄積されるのに対し、広告宣伝は瞬間風速はきわめて強いものの、打ち切った途端に集客は減ります。ページ作りと広告宣伝による集客を並行して実施することで効果は最大化されます。

広告宣伝のメリット

即効性
広告宣伝は料金を支払い、施策を指示した瞬間に適用されるので、すぐに集客が始まる。

確実性
「だいたい何人に見られた」という曖昧な効果ではなく、数値が計測できる。

広告宣伝のデメリット

低い蓄積性
広告宣伝による集客は強烈に効く代わりに、打ち切るとすぐに集客は減少する。

やめると……　➡　集客がすぐ低下

ネットショップを成功に導くには

[集客のコツ④
実際に広告宣伝をするときには
集客数よりも
投下資金効率を見る]

広告宣伝を本格運用する際は
月額15万～35万円の予算を目安に

　ネット広告の料金体系は、表示ごと（インプレッション単価：CPM）、クリックごと（リンククリック単価：CPC）、1件の顧客を獲得するためにかかったコスト（成果単価：CPA）の3つに大きく分かれます。CPAは総コスト÷獲得顧客（コンバージョン）数で算出されます。

　前者ほど単価が低く、後者ほど高くなります。リスティング広告がCPCで、検索単語の人気により値段が1円から数百円、なかにはクリックあたり数千円の単語もあります。CPAの代表がアフィリエイト広告で売価の15～30％が標準です。ブログへのインライン広告など1000表示でいくらといったCPMもあります。

　では、投資に対して広告の効果はどう判断すれば良いでしょう？　広告効果はどれだけ人が集まったかに着目しがちですが、ネット通販の目的はモノが売れること。集客数（セッション数、ユニークユーザー数）は大切ですが、それだけが指標ではありません。

　広告効果の測定は投下資金効率で見るのが基本です。これをROAS（ロアス）といい、売上額÷広告投下額で算出します。ROAS 100％というのは、かけた広告代金と同額の売上ということになります。最低ラインが200％、合格ラインが250～300％、400％以上は優秀と判断できます。当社のお客様の平均は約270％です。つまり、かけた広告費用の2.7倍の売上になっています。上位成績店では400％を超え、1000％以上というケースも稀ではありません。

　広告予算は業種業態や目的によって異なります。標準に基づいた小規模ローンチの例で説明しましょう。開店から2～3ヵ月は月額10万～20万円を目安とし、実施結果を計測します。本格運用する際の予算は月間15万～35万円が中心帯です。大型店や大企業、獲得優先で、後のリピートで利益化する戦略など、この数倍から10倍以上を投下するケースもあります。モールなど館出店の標準は月額16万5000円（当社調査）です。なお、月額10万円以下の広告はお勧めしません。効果が実売のボリュームに達しにくいからです。

広告効果を測定するには……
投下資金効率をチェック！

> 投下資金効率＝ROAS
> ROAS＝売上額÷広告投下額×100％

たとえば……売上高が250万円
　　　　　　広告投下額が100万円ならば
ROASは、
2,500,000÷1,000,000×100＝250％

投下資金効率の目安は、
最低ライン＝200％、
合格ライン＝300％前後、
優秀ライン＝400％以上です。

ネットショップを成功に導くには

集客のコツ⑤ 広告の投資効果は売上額での算出から始め、最終的には利益ベースによるチェックへ

新規客の獲得にかかる広告費は赤字でもかまわない

投下した費用の効果をチェックする指標によく使われるのがROASとROIです。前述したように、ROASは投資したコストに対してどれだけ「売上」を上げることができたかを示します。一方、ROIは投資したコストに対してどれだけ「利益」を得ることができたかを表し、【利益額÷コスト×100】で算出します。

いずれも数値が高いほど費用対効果が高い状況を反映しています。広告効果を考える場合、ROASが200%であれば1円の広告費で2円の売上を上げたことになり、ROIが200%であれば1円の広告費で2円の利益を得たことになります。

広告効果の指標としてはROASを見るのがまず基本です。しかし、最終的には売上額ではなく利益額でチェックすることをお勧めします。実際にはROIが100%を超えることはあまりなく、平均的には50%くらいからのスタート(たとえば、粗利6000円を得るための広告費が1万2000円)になります。それでも事業は黒字化しているはずです。サイトへの直接来訪やリピート、クチコミなど、投下広告費がかかっていないセッションも発生しているからです。

広告効果の測定をROIへ変えるのは、経営戦略の選択肢を増やすためでもあります。たとえば、粗利50%の商品なら、ROAS300%でROIは150%になり広告料トントンの基準となります。ここから、①仕入コントロールにより商品原価を下げてROIを上げる、②広告コントロールにより媒体や回数を変えて広告料を下げてROIを上げる、③A/Bテスト(2パターンのWebページを用意して効果を測定するテスト)などで効果を見定めるなど選択肢を増やすことができます。

売上だけに注目して投資を続けることは黒字倒産の危険を伴うので(モールなどで多い)、ROIによるチェックは大切です。ただ、自社本店は後から利をとるリピート戦略に旨みがあるので、新規客獲得のROIは100%を切ってもかまいません。

広告運用の現場ではこうした視点で戦略の見直しを行っていきます。

モール店と自社本店（専門店）の広告の違い

モール店

モール主催の企画とメルマガが中心の集客にすぐれている

自社本店

作業が複雑だが、選択肢が多く、コストのかからない生水利益もとれる

集客効果が大きく、"経営の見える化"が可能なのが自社本店の大きな強みです。

ネットショップを成功に導くには

ページ作り系と広告宣伝系 どちらを優先すればいい？

ページ作りと広告宣伝のバランスが集客の相乗効果を高める

「集客を高めるためには、ページ作り系と広告宣伝系のどちらが大事ですか？」

ネットショップを始めようとされている方から、こんな質問をよくいただきます。どちらを優先すべきなのでしょう？

結論からいうと、もちろんどちらも大切です。ただ、はっきりいえることは、ページ施策ができる前から広告宣伝をしてもお金の無駄になるのでやめましょう。まずはしっかりとページ作りをしてから広告宣伝を始めてください。ここで、ページ作りと広告宣伝の特性をもう一度確認しておきましょう。ショップの状況やタイミングに応じて、それぞれの効果を狙って手を打つことをお勧めします。

「ページ作り」は購買転換効果を高めることができ、作り続けることで効果が蓄積されるので、長期的な集客が期待できます。また、にぎわいと客単価の効果も高いので、ページ作りはお店の生命線です。ただ、速効性はなく、効果が出るまでにはそれなりの時間がかかります。

「広告宣伝」は速効性が高く、強い集客効果があります。意図したお客さんを集められるメリットもあり、所定箇所ごとの転換の良し悪しなどの計測ができるので、のちのページ作りの参考になります。逆に蓄積性はないので、広告を中断した途端に集客効果は落ちてしまいます。

こんなケースがありました。

パーティ料理専門のネットショップO社は、開店初月から月商200万円を超えました。開店前から広告をしっかり仕込んでいて、開店早々から多くの来客があったからです。ところが、好調は長続きしませんでした。その理由は、広告宣伝に依存しすぎてしまい、ページ作りというSEOなどの上がる施策をほとんど打っていなかったからです。広告を止めて初めて、お店の実力値がゼロに近かったことが浮き彫りになりました。

この例のように、ページ作りと広告宣伝は車の両輪のようなもの。どちらか一方では不十分です。両方をバランスよく行うことで、広告の費用対効果が高まり、ページ制作費が活きて相乗効果が得られるのです。

集客を高めるには
とにかくバランスが大事

ページ作りと広告宣伝はバランスよく行うことで相乗効果が得られる。継続的に集客を高めるためには、効果の蓄積性と速効性というそれぞれの特徴を活かし、状況やタイミングに応じて資本を投入することが大切だ。

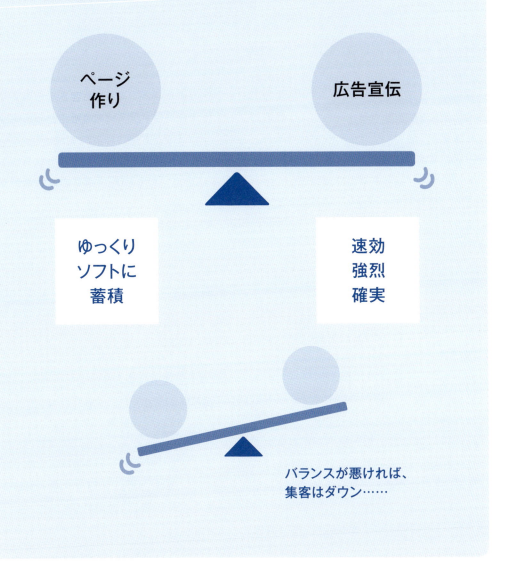

バランスが悪ければ、集客はダウン……

ネットショップを成功に導くには

Inviolable rule

［ 来店客に
いかに買ってもらうか？
ネット通販成功の第一歩は
「転換」 ］

3つの購買トリガーで
転換率をアップする

　来店客が手ぶらで帰らずに、購買に至ってもらう割合を購買転換率といいます。集客した来店者を母数として、この購買転換率が上がることで売上がアップすることになります。購買転換率は、転換率やコンバージョンとも呼ばれ、自社本店では2％（100人来て2人が購買）くらいから利益化します。標準的には5％といわれています（ただし、モールではまだ利益化が厳しいライン）。

　転換率を上げるには3つの絶対条件があります。「期待どおりの品物があること」「いいな、ほしいなと感じ取れる情報があること」「背中を押されること」です。

1 期待どおりの品物があること

　第1の条件は、お店が来店前のイメージどおり、期待どおりであることです。自社本店（専門店）であれば、専門店の顔立ちをしており、取扱商品が専門的であり、専門情報に満ちているということになります。後述しますが、商品ではなく空気やカラーが専門であってもかまいません。いずれにしても、来店する動機になる情報と実際に来店したときのお店の顔が同一であることが求められます。広告から来店を促す場合などは、広告のイメージや文章と実際のお店が一致していないと、購買転換どころか、来店即退店となります。

2 いいな、ほしいなと感じ取れる情報があること

　第2の条件は、購買の動機があることです。これはひとえに情報にかかってきます。情報の中身である写真、キャッチコピー、文章、動画などに、「いいな、ほしいな」と思わせる要素が必要です。商品の特徴やスペックはもちろん、商品の個性、商品を得たときのベネフィットが伝わると動機が醸成されます。

3 背中を押されること

　消費者にとって背中が押されることも重要な条件です。情報要素では色やサイズ、商品の確かさ、配送や人気など店の信頼性にあたります。買いやすいという要素も大切です。選択肢が複雑ではない、入力項目が簡略であることなどです。入力項目に意味もなく「ふりがな」「郵便番号」の記入を求めるのは愚策。入力フィールドはなるべく減らします。

転換率を上げる3つのポイント

1 期待どおりであるか

来店前のイメージと実際に来店したときのお店の顔が同一であることが大切。

2 ほしい気にさせられるか

ページの情報の中に「いいな、ほしいな」と思わせる要素が入っていれば購買動機になる。

3 背中が押されるか

ほしいと思った商品の確かさ、お店の信頼性が背中を押す。買いやすさという要素も重要。

ネットショップを成功に導くには

[転換率アップの知恵①
ページあたりの滞在時間
14秒が購買転換への
分岐点になる]

ページで店の魅力を伝えて
滞在時間を増やし離脱率を下げよう

　ショップへの滞在時間を増やし、離脱率を下げることでも転換が良くなります。離脱率というのは、途中でお店から出ていってしまう（ページから離れてしまう）割合です。離脱率が上がると、転換率がアップしないばかりか、集客コストまでが無駄になってしまいます。

　離脱には2つの傾向があります。滞在時間が短い場合と、滞在時間にかかわらず購買転換せずに退店してしまう場合です。リアル店でイメージするとわかりますが、店に入った途端に居心地が悪いとか、店内を回ったけれどもいまひとつピンとこないと店を出てしまいます。ですから、来店した瞬間に居心地の良さを感じてもらうこと、ぐるっと回ったところで、もう少し見てみようと思えるような店作り（ページ作り）が重要になります。「ぐるっと回る」とはネットでは1～2スクロール分、時間にして3秒くらいが勝負になります。

　離脱率を下げる方策は短時間勝負です。商品やその詳細を正確に伝えるよりも、お店の顔や特徴、魅力を伝えることが先決です。「この店は探せば好みの品に出会えそう」——そういう空気が一瞬で伝わらなければなりません。商品の場合でもキャッチコピーが大切なように、詳細な情報を伝えるよりも、まずは良い点、特徴、メッセージを一言でつかんでもらう必要があります。当社の測定値では、購買転換に至る分岐点は38秒／2.7ページ（ページあたり14秒）の閲覧です。これを超えるとさらに滞在時間は増え、購買に至る確率が大幅に上がってきます。

　滞在時間や離脱率は専門ツールを導入すれば計測・分析できますが、当社などの専門家に任せ、その結果からのアドバイスに基づいたページ作り、ページ改善を行うことをお勧めします。

　なお、参考までにいうと、ネット通販への訪問者はトップページに来るよりも商品ページに来るケースのほうが圧倒的に多いのが普通です。トップページばかりに気をとられて、各ページの中身がおろそかにならないように注意しましょう。

ネットショップを成功に導くには

Inviolable rule

[転換率アップの知恵②
カゴ落ちを防ぎ
レジに来てもらうには
迷いを与えないことが肝心]

必需ステップを深くするとともに多くの選択肢を提供する

　手に取ってカゴに入れた商品を、棚に戻さずにレジまで来てもらうには、迷いを与えないことが肝心です。棚戻しするときの消費者心理には「やっぱりいいや」と「他にもっと良いものがあるかも」という2つがあります。

　「やっぱりいいや」には、今でなくてもいいという時間的理由と、それほどほしくないという動機不十分があります。これはどちらも欲求ステップ（その商品がほしい）までが早いわりに、必需ステップ（その商品が必要だ）が浅いことが原因で起きています。カゴ落ちを防ぐには、必需ステップを深くすることが重要になります。時間的理由はクーポンや期間限定で解決できる可能性がありますが、動機不十分の場合は情報不足が原因です。

　「他にもっと良いものがあるかも」という心理にはどう対応すればよいでしょう？　実際にもっと良いものを見つけられる店であれば、上位品などに交換されるので問題はありません。でも、単純に棚戻しが起きた場合は他店に移ってしまう可能性があります。これを避けるには、上位品や異種類似品など多くの選択肢を用意しておき、他店との比較をされないようにすることです。

　棚戻しはリアル店よりもネット店に大きなダメージを与えます。ネットの場合、手に取った商品がレジで精算される瞬間まで、カゴの中なのか棚に戻されたのか判別できず、ページに表示された在庫カウントが減算されたままだからです。繁盛店ほど来店が多く滞在時間も長いので、カゴ内に留まっている数と時間が多くなるので、棚戻しが発生しないようにすることが重要になります。

　商品がいつまでもカゴに残っていると、在庫切れのリスクが出てきます。棚戻しになった場合、その間多くの顧客を失った可能性があります。テレビバブルなどが起きると、その数は膨大になります。これを防ぐ方策は、システムでカゴ内商品の保持を一定時間に限定することです。通常は900秒（15分）などで設定している場合、当社ではTV放映などで異常アクセスを検知すると、店舗へ購入までの平均タイムを伝え、プラス60秒くらいの最短保持時間に再設定しています。

ネット店の棚戻しは かなり深刻な問題

リアル店
商品を戻せばすぐ
他の人が購入できる

棚に戻された商品は他の人が手に取り
購入する可能性がある。

ネット店
カゴに入ると、結局購入され
ない商品も減算保持に……

カゴに入れられた商品はレジで精算さ
れる瞬間まで在庫カウントが減算され
たまま。

棚戻しをなるべく防ぐには

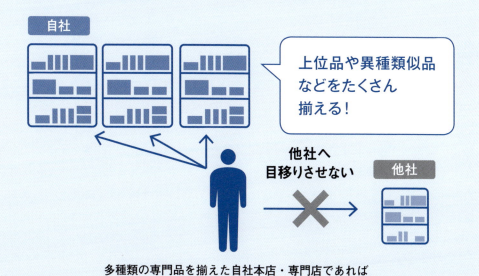

多種類の専門品を揃えた自社本店・専門店であれば
他店と比較されない。

ネットショップを成功に導くには

[購入単価を上げられれば
早くからの利益化が可能になる]

少ない来店数でも高い客単価を目指せるのが
自社本店・専門店のアドバンテージ

　ここまで集客と転換が大事であることをお話ししてきましたが、これを利益に結びつけるためには購入単価を上げることが大事になります。

　客単価は、集客と転換に多くの時間とコストを重ねてきた血と汗の結晶です。客単価が100円か1000円か1万円かに決まるのは、それまでのすべての費用が割り戻され、1購入あたりの今日までの経費がいくらになるかが決定する瞬間といえます。

　厳密には原価率次第ですが、粗利で1000円を切る客単価だと、厳しい経営環境が長く続くことになるでしょう。現在、当社お客様店の全平均の購入単価は1万2600円です。これはモール業態と比較して2倍の数字です。この客単価であれば1回目の購入から利益化が可能です。ところが、たとえば客単価3000円だと、実際のところは4.6回リピートで初めてトントンになります。

　集客と転換が成功して客単価が低いお店と、集客と転換がその半分で客単価が2倍のお店では、利益でいうとイコールどころか後者がはるかに優っています。多い来店で単価が低いよりも、少ない来店数で単価が高いほうが高効率で優秀なお店といえます。これが可能で、これを目指せるのも自社本店・専門店の大きなアドバンテージ（優位性）です。

　自社本店・専門店は他店との比較や競争、そのための値引き、値引きへの消費者の期待もありません。こういう点からいっても、自社本店・専門店は客単価を上げることを躊躇してはいけません。消費者はむしろ良品がほしくて来店されているのですから、客単価は高くて当たり前なのです。

　このように、客単価アップは集客や転換に要した時間と費用が割り戻されるので高い経済効果が得られることになります。しかし、店舗経営にはそれぞれの戦略があります。今は集客を高める時期であるとか、リスト作りが先であるとか、業種業態によっては客単価を下げてでもリピートを上げるほうが重要である場合もあるでしょう。優先すべきことが何なのかを見きわめた上で、この割り戻し効果を考えてください。

高効率で優秀なお店はどっち？

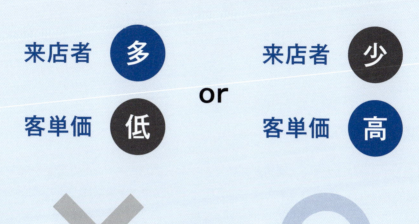

来店者 多 / 客単価 低　or　来店者 少 / 客単価 高

正解は ○

来店者が少なくて客単価が高いお店！

自社本店・専門店は、集客と転換が成功しても客単価が低いお店より、集客と転換がその半分でも客単価が2倍のお店を目指そう。利益でいうと後者がはるかに優っています。

ネットショップを成功に導くには

客単価をアップするには購買量や購買金額を増やす工夫を

セット品、ついで買いなどで顧客にお得感をもたらす

　客単価を上げる戦略は大きく、**購買量、購買額、長時間滞在**の3つに分けられます。

1 **購買量でアップ**

　ポイントはお得感です。とくに「セット品」は客単価アップの常套手段です。たとえば、単品の商品ページで4500円の品物であるとき、別の商品とセットで正価8700円のところ特価7900円にする方法です。リピート品であれば定期購入も割引価格で提案します。

　もう1つが「ついで買い」です。ネットではレコメンドといわれます。「これを買った人はあれも買っています」という紹介・提案です。レコメンドはシステムで実践することもできますが、専門店は目利きが魅力なので店長自らが手動でお勧め品をページに組み込むことをお勧めします。

　精算額によるスペシャルサービスも鉄板施策です。5000円以上の購入で送料無料とか、3個買うともう1個プレゼントといった方法です。過剰なやり方は専門店らしさを損ないますが、常識的で納得性があれば消費者の購買心理をくすぐるでしょう。

　クーポンやポイントの活用も有効です。クーポン活用の上級編は、その商品以外のクーポンを適用させることです。ハンバーガー購入客にポテトやコーラのクーポンを出すのと同じです。再来を促すなら次回来店以降に使えるクーポンを出すなど、クーポンは目的や顧客ごとに使い分けます。

2 **購買額で客単価アップ**

　高額商品への誘導も専門店ならではの客単価アップのコツです。発送などの手間を考えれば高額品で少量のほうが高効率です。顧客が訪れた商品ページで、少し高くて良い品物を配置することは有効な作戦になります。

3 **長時間滞在で客単価アップ**

　ページに長時間滞在してもらうほど必然的に客単価は上がります。そのためには居心地の良いページにする必要があります。明るい、楽しい、飽きないが基本3点セットです。滞在時間アップ、回遊率のアップは、量と価格両面での客単価アップに有効です。滞在時間が長く回遊率の高いページはクローラーに良質なページだと判断されます。

客単価をアップさせる量・金額・時間の工夫

① 購買量でアップさせる

- **セット品**
別の商品とセットの場合に割引をすることで顧客にとってお得感が増す。

- **ついで買い**
専門店は目利きが魅力。店長自らが手動でレコメンド品を組み込もう。

- **精算額による多売勧誘**
購入額に応じたスペシャルサービスは客単価を上げる鉄板施策。

- **クーポンやポイントの活用**
当該商品以外のクーポンを使えるようにすることで多買を促す。

② 購買額でアップ

安いことよりも良品を求める専門店の顧客に対しては、多買だけでなく高額商品への誘導も客単価アップに有効。

③ 長時間滞在でアップ

明るい / 楽しい / 飽きない

カテゴリー分類やグローバルメニューなど、ほしい情報に迷わずすぐに到達できるページで長時間滞在を促す。

ネットショップを成功に導くには

Inviolable rule

[華やかなページの
「にぎわい」が
ネットショップを
爆発的繁盛に導く]

多くの品数・情報と高い更新頻度、人肌感で「にぎわい」を演出する

　デパ地下の食品売り場や街中にある市場のように、「にぎわい」は購買意欲をそそり、集客、転換、客単価のすべての効果を高めます。にぎわいがないと、これらにかけた労力とコストが無駄になります。

　にぎわいの演出に最も重要なのは品数です。商品数が多いと客幅が広がり滞在時間が長くなります。ディスプレイもにぎわいを伝える大事な要素です。ネット店では商品情報、商品周辺情報の充実を指します。品数とディスプレイはイベント性とも直結します。情報が常に更新されていることも大切です。程よく頻繁に商品を入れ換えたり、新規に加えたり、場所やグループを変えるなど変化のあるページは活き活きと見えます。

　にぎわいの基本は、ページのデザインによる華やかさです。それは派手という意味ではなく、密度の濃いページ作りです。情報をびっしり詰め込むということではなく、必要な情報を整理して適材適所に配置し、消費者のほしい情報で満たされているということです。

　ここに加えたい装飾は「人肌感」です。店長ブログの更新やお客様の声などで伝えることができます。人が出てくる場面に必須なのが顔写真です。これで文章を読まなくても一瞬で温かみが伝わります。売り場作りにはコミュニティも必要です。店主、店長、店員、職人、お客さんの声を聞いたり、お客さん同士が話し合う場です。レビューも同様に効果的です。購入の決断を後押しする作用とともに、SEMによる集客効果も得られます。

　文字を載せた写真などを使ったオーバーレイ（固定表示）のバナーや、人気、定番、新着などのバッジバナーなども、単なる文字だけのページに比べてにぎやかさが出てきます。

　業界では古くから人の気配という意味でヒトケ（人気）などといわれます。しかし、ネットショップではそんな弱いものではなく、強烈なにぎわいが必要です。

　ページにはライブ感も欠かせません。在庫が減っていったり、コメントやレビューが増えていく様子はライブ感につながります。当社では「たった今、○○が売れました」というコメントが出る装置を勧めています。

にぎわいをもたらす
ページ作りのコツ

❶ 顔の写真

店長ブログなど人が出てくる場面には顔写真を載せよう。顔写真があれば文章などを読まなくても、一瞬でそのページの温かさを演出することができる。

❷ コミュニティ

売り場作りにはコミュニティが必要。店のスタッフや商品を製作した人の声や、お客さんの声、お客さん同士の会話を載せることでページに活気が生まれる。

❸ 写真を加えたバナー

写真に文字を載せたバナー広告を画面下などに固定表示させておくことで、ページをスクロールしても常ににぎやかさが伝わる。リアル店のPOPやポスターの役割に近い。

❹ ライブ感

他の人々のリアルタイムのコメントやレビューを表示すると、お客さん同士の共感や連帯感が生まれやすく、サイトに活気が出てくる。

04

Giving a soul to your store

Chapter 04
店舗に魂を込めるには

店舗に魂を込めるには

Inviolable rule

[ページ作りイコール店作り
文章と写真の表現力が
商売を左右する]

魂（T）を文章（B）と写真（S）に注ぎ訴求力をぐっとアップさせよう

　ネットで小売を行う際に商売の心臓部になるのがページ制作です。ネットショップでは、ページ作りイコール店作りと心得ておきましょう。

　ただし、リアル店の店作りとネット通販のページ作りは根本的なところで大きな違いがあります。

　ページ制作やコミュニケーションの大部分になるメール、メールマガジン、広告宣伝など、どれをとってもネットの世界では会話や対話といったリアルな対面がありません。サイトのほとんどの部分が文章と写真で構成されています。ですから、その文章と写真の表現力、伝達力が商売を左右するといっても過言ではありません。

　では、文章や写真による訴求力をアップさせるポイントは何でしょうか？

　それは「魂を込めること」です。文章と写真に魂が宿っていれば売れますが、そうでなければ売れません。

　ネットやスマホは、情報を簡単に得られる反面、情報の量と選択肢が膨大すぎて簡単に埋もれてしまうからです。情報の質を上げることで差別化が図られ、消費者の目と手をとめることができるのです。

　本章ではネット通販で成功するノウハウの1つである「情報に魂を込める方法」について紹介していきます。具体的には文章の書き方と写真の撮り方・扱い方について説明します。

　魂（T）を文章（B）と写真（S）に注ぐという意味で、私たちはこれを略して「TBSメソッド」と呼んでいます。繁盛の基本構造であるNSK方程式を実践するときには、常にこのTBSを意識してページ作りをすることで、訴求力はぐっとアップします。これは広告を作る際にも同じことがいえます。

　写真はいわばお店や商品の顔です。消費者の購買意欲をかき立てる撮り方・扱い方をマスターしましょう。

　そして、文章はお店や商品の顔に活き活きとした表情を与えます。商品の機能やスペックだけでなく、商品がもたらすベネフィットを伝えることで購買促進します。

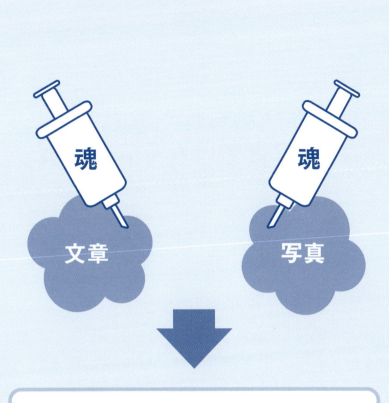

店舗に魂を込めるには

Inviolable rule

魂が込められた写真とは
機能写真ではなく情景写真

写真のサイズは大きく
数多くの点数を入れ込もう

　ページ作りにおいて最も大きな魂効果を発揮するのが写真です。魂が宿っている写真というのは、機能写真ではなく情景写真です。商品そのものの説明を伝えるだけでなく、情景感のある素敵な写真、きれいな写真を使うことがポイントです。

　まず、写真のサイズはできるだけ大きくし、数多くの写真を載せることが大原則です。情報量が多いことは購買基準の1つである安心感にもつながりますし、ほしいという気持ちをあおるからです。当社の調査では、商品あたりの写真点数が3つ以下と5つ以上を比べると、購買転換率が2～3倍違うことがわかっています。

　また、余白の多い写真よりも商品の端がはみ出すほどクローズアップされた写真のほうが効果的です。ネットでは商品を手に取って見ることができません。クローズアップされた写真は細部を伝えるとともにドラマチックな効果も高めます。

　写真は、撮影する角度や背景に何を入れ込むか、背景を入れない、あるいは背景をボカす、食品などであれば五感に訴えるシズル感を強調するなど、撮る工夫によって商品の見え方が違ってきます。

　光や照明にもこだわるとともに、室内やスタジオだけでなく屋外で撮影するなどさまざまな工夫ができます。たとえば、成人式の振袖は青空の下、神社の境内でモデルさんが着用した様子を撮影したほうがリアルです。

　写真は一瞬でイメージが伝わります。そのクオリティで売上が大きく変わります。写真に自信のない方は、自社のディレクションのもとでプロに撮影を頼むことをお勧めします。

　写真はSEOの要素、つまり集客動機にもなります。検索サイトの利用動向でも、何かを調べるときにWeb一覧ではなく写真一覧をタップする率がどんどん上がっています。また、写真からサイトの評価やレーティングもされています。そうした理由から、写真タグに商品名や説明文を適切に入れることも重要です。なお当社のシステムでは、このタグ設定は商品ページ管理機能から簡単に実施できます。

写真に魂が入っていないページ事例

単に商品そのものを写しただけの無味乾燥な写真は訴える力が弱い。

写真に魂が入っているページ事例

写真のサイズは大きく。商品をクローズアップして情景感を伝えよう。

店舗に魂を込めるには

Inviolable rule

商品に対するこだわりをあらゆる言葉を駆使して表現する

文章に魂を込めて商品のもたらすベネフィットを伝える

　文章では商品の機能や特徴を伝えるのはもちろん、ほしいと思わせるような背景説明が必須です。魂の宿った文章を書くポイントは次の5つです。

①**リアリティ**：スペック情報は必要ですが商品説明に終始してはいけません。その商品のどこがどう良いのか、得られるベネフィット、こだわっている点、どんな人がどう幸せになれるのかなど、リアリティを感じさせます。ペルソナやその人の目的に合った商品であるという説明、初心者向き、上級者向き、30代OLに人気、アップグレードならコレ！など、消費者が自分のこととして考えられるような親切な説明も心がけましょう。

②**具体性**：文章は具体的に。「すごく美味しい」では抽象的で伝わりません。「甘さがあふれ出すおいしさ」——ややリアルですが、まだありがち。「蜂蜜と錯覚するほど甘いのに後味すっきり」——具体的でイメージが湧いてきます。シズル感を加え、「香り立つアカシア蜂蜜と錯覚するほど甘いのに後味すっきり」とすれば完成形です。

③**ドラマ性**：文章で頭の中に映像が浮かぶようなドラマ性を作り出します。たとえば、「南アルプスの天然水」は私たちの頭の中に、清流の映像、南アルプスという地名、足下を流れる冷たい水といったイメージが刷り込まれています。文章では「悠久の年月をかけてろ過された雪解け水が湧く南アルプス。冷たさの中にはたっぷりのミネラルが……」といった表現になります。

④**シズル感**：文章でもシズル感はリアリティを伝えます。食べ物ならよだれが出るような、アパレルなら着て出かけるイメージが湧くような、家具ならば団らんやにぎわいを感じられるような文章です。シズル感のコツは、目、鼻、耳、舌、肌の感覚で表現することです。

⑤**適切性**：文章量の多さはSEO効果を高めます。ただし、適切な文章でなければいけません。店や商品と程遠い表現や同じ言葉の連呼はクローラーから減点対象になります。また、具体性やドラマ性を強調しすぎると、販売サイトと認識されない危険もあります。

文章に魂を込める5つのポイント

1 リアリティ

自社本店・専門店はスペック情報だけでは不十分。ほしいと思わせるような商品の背景説明や、消費者が自分に引き寄せて考えられるような文章表現を工夫しよう。

2 具体性

文章は抽象的ではなく具体的に書く。たとえば食品であれば「美味しい」とは一言も言っていないのに、具体的な説明によって美味しさを感じてもらうようなレベルを目指そう。

3 ドラマ性

TVコマーシャルのように30秒ワンワードでドラマを伝えられるような文章が理想。消費者の頭の中のイメージをかき立て、購買の大きい動機に結びつける。

4 シズル感

その商品は、どんな音がするのか、どんな香りがするのか、どんな色なのか、どんな明るさなのかなど、五感に訴える表現をすることで文章のリアリティがぐっと高まる。

5 適切性

適切な文章は必須。クローラーは、ページ内容に沿った適切な単語が60％以上あれば加点、逆にページと関連の薄い単語が60％以上を占めると減点対象とする。

店舗に魂を込めるには

Inviolable rule

文章に入れる基本3要素は「数値とスペック」「評判と商品解説」「印象と品質感」

顧客の購買動機3タイプを意識すれば売上2倍が期待できる

とっておきの秘策をお話ししましょう。商品説明で絶対にはずせない基本3要素があります。「数値とスペック」「評判と商品解説」「印象と品質感」です。1つの商品、1つの文章について、この3つの要素をちりばめれば売上2倍が期待できます。

人にはいくつかの分類タイプがありますが、これは購買動機にも当てはまります。購買動機が、数値とスペックで生まれるタイプの人(A)、評判と商品解説で生まれるタイプの人(B)、印象と品質感で生まれるタイプの人(C)の3種類がいます。

タイプAの数値とは重さや大きさのことではありません。世界一とか30人に1人など、具体的な数字で納得して自己判断するタイプです。タイプBは評判と商品の特徴など他の人の意見に耳を傾けて判断するタイプです。タイプCは理屈ではなく感動やパッションで購買の引き金がひかれます。

これら3要素をすべての商品に対して、文章、写真、動画、音声のいずれかの方法で伝達するようにしましょう。タイプAとBは主に文章で、Cは主に写真とキャッチコピーがその役割を担います。また、Bのレビューや感想などについては、人の笑顔の写真も好印象をそのままストレートに伝えます。

当社研究ではA/Bテスト(Webページに2パターンを用意し、どちらが効果的かを実験する方法)の結果、タイプが当たったときは購買転換率が2倍以上になりました。4倍以上の場合もあります。逆にいうと、3要素の1つしか盛り込まれていないページは3人に1人しか購買転換していないといえます。

なお、タイプAの場合の数値やスペックを伝える場合のコツがあります。商品の大きさや重さなどを単純にcmやgなどの単位で書くのではなく、「コーヒーカップより少し軽い」とか「ワイシャツのポケットにらくらく収まる」などちょっとした工夫でリアリティのある表現になります。メモリーの量も64GBではピンときませんが、音楽が500曲入るといわれるとイメージできます。荷姿(梱包された荷物の外見)やお届け時間でも同じことがいえます。

どんな顧客でも惹きつけられる3つの要素

Type - A
数値とスペック
数値とスペックは大きさや重さの単位ではなく、リアリティを伴った具体的な表現で書くことで、商品の特徴を消費者にストレートに伝えることができる。

購買動機が生まれる3タイプを意識して基本3要素を文章や写真で表現しよう。

Type - B
評判と商品解説
他人の意見や評判に敏感なタイプはレビューや感想などで購買動機が生まれることが多い。他の購入者の笑顔の顔写真なども商品への好印象をストレートに伝える。

Type - C
印象と品質感
理屈ではなく、好き嫌いなど感覚的な動機で購買を決めるタイプに対しては、写真やキャッチコピーなどで商品のイメージをストレートに伝えることが重要。

店舗に魂を込めるには

Inviolable rule

[商品の活用法にも魂を込めれば
売上が3倍になることも]

魂はモノ軸ではなくコト軸に宿る
消費者に商品の利用シーンをイメージさせよう

　モノ消費からコト消費へと移ってきた時代にあって、消費者はモノそのものではなく、モノがもたらしてくれるベネフィット（コトの価値）にお金を払います。ページ制作の際の写真と文章にも同じことがいえます。

　写真も文章もモノ軸だけでは面白味がありません。顧客に商品の利用シーンであるコト軸をイメージさせることで初めて購買動機を起こさせることができます。人はコトに興味があります。その手段としてモノを買うにすぎません。モノ軸だけでなくコト軸の表現を積極的に取り入れるようにしましょう。

　モノ軸というのは、商品そのものの情報です。機能、性能、特徴、誰向けか、アレンジのパターン、大きさ、重さ、荷姿まで含め、モノにまつわるすべての情報がこれに当てはまります。商品にまつわる情報はこのモノ軸ですべて提供します。

　これに対してコト軸は商品以外の情報がメインになります。もちろん商品に関連する情報ですが、直接的な商品情報ではありません。最も一般的な例は、商品の利用方法や活用方法です。使い方や応用の仕方のヒント、こうやって楽しんでいる人がいるといった情報です。商品を購入したことで得られるベネフィットも、もちろんコト軸です。

　また、製造工程のうんちく話や苦労話、素材の説明、仕入現場の話なども商品の魅力を間接的に伝え、購買意欲を高めます。集客も転換も増やし、滞在時間も延ばします。こうしたコト軸の周辺情報を盛り込むことで、ページの数や面積も当然増え、使用単語の数も種類も増えます。これによってSEO（SEM）が上がり、集客にも大きな効果を発揮します。さらに、数値での計測では、コト軸のあるなしで売上は3倍近く違ってくることがわかっています。

　さて、ここまで写真と文章に魂を入れる話をしてきました。この内容はページばかりではなく、広告宣伝やメルマガにも当てはまります。ページに到達するよりも手前で消費者の接触するのが広告やメールなので、むしろリードであるこちらにいっそう気をつかうべきかもしれません。

モノ軸

機能、性能、特徴、誰向け

⬇ モノ軸だけでなく、
コト軸にも力を入れる！

＋プラス コト軸

- 製造工程のうんちく
- 苦労話
- 素材説明
- 仕入現場の話

購買意欲がグーンとUP！

店舗に魂を込めるには

Inviolable rule

[ページ制作の作業自体は
外部に委託する方法もOK]

写真、コピー、デザイン、バナーの外注費用を見積もっておこう

　ページ制作はネットショップ経営の要なので自社自前で行うべきですが、作業にはネット特有のノウハウもありますので、外注するケースも少なくありません。仕事内容と外注するときの費用相場について説明しましょう。

①写真撮影

　写真のクオリティで売上は大きく左右されるので、プロに頼むことを考えてもいいでしょう。ただし、自社は商品をわかっているプロとして明確な指示を出すことが必要です。カメラマンの相場は1日拘束で2万〜5万円が中間帯です。

　「ささげ」というドラマ性不要の白背景撮影だけならば、撮影数にもよりますが、1品3角度（正面、側面、背面など）で500〜2000円程度です。月商300万円を超えてくると専属カメラマンを抱えることも珍しくありません。専属ならば付き合うほどに商品の理解も深まってくるからです。

②コピーライティング、文章ライティング

　文章作りも自社で行うのが望ましいのですが、外注するケースも多々あります。相場は400文字あたり2万〜3万円が中間帯です。自社商品について話すことはいくらでもできるものの、文章にできないという人も少なくありません。解決策として、誰かに商品について質問してもらって答えを録音し、それをもとに文章を起こす方法をお勧めします。

③ページデザイン、レイアウト、コーディング

　写真と文章、キャッチコピーの配置・レイアウト、デザイン、バナーパーツを画像編集ソフトで作り、HTMLやCSSでコーディングする作業です。ページ制作ソフトやエディターソフトを使いますが、半数以上は外注しています。相場は簡単なもので1ページ2万〜3万円、複雑なもので約5万円です。一度作ったページの再利用や、写真、文章の入れ替えだけなら10商品で2万〜5万円程度です。

④バナー制作

　写真の上に文字が載った絵やデザインされた文字タイトル、図表をバナーといいます。フォトショップ、イラストレーター、ドリームウィーバーなどのソフトを使います。外注相場は1バナーあたり5000円〜2万円です。

外部に委託した場合の相場

写真

2万～5万円
（1日）

白背景撮影だけならば、1品3角度（正面、側面、背面など）で500～2000円程度。

ライティング

2万～3万円
（400文字）

キャッチコピー作りなど、重要なコピーライティングはもっと費用のかかる場合も。

デザイン

2万～3万円
（1ページ）

ページは一度作れば内容の入れ替えですむので、最初はコストをかけてでも良いデザインに。

バナー

0.5万～2万円
（1バナー）

ページデザイン全体にバナー料金が含まれる場合もある。

05

How to become a super specialized store

Chapter 05
超・専門店になるには

超・専門店になるには

Inviolable rule

[自社本店の専門性を
高めるための方程式
「ネット通販本店基礎」(NHK)]

「専門」「唯一」「情報」に「ファン化」を加えれば
高額売上を安定して維持できる

　いよいよ本書の中で最も重要なメソッドを紹介していきます。総合店にはない、自社本店・専門店ならではのノウハウ「ネット通販本店基礎」方程式です。ネット通販、本店、基礎のそれぞれ頭文字をとって「NHK」と呼んでいます。これは自社本店・専門店にのみ大きな効果を表わす方法論です。

　NHKを実践することは、自社本店・専門店にとって圧倒的に優位なポジションを作ります。当社のお客様の店でも、月商数百万円台を簡単にクリアし、千万円台、億円台に上り詰める高額売上店はいずれもこのNHKがよくできているという共通点があります。

　NHK方程式こそがダイレクトマーケティング（直販）企業の真髄です。Chapter02で説明した良品＆良店、Chapter03のNSK、Chapter04のTBSを土台基礎として仕上げ、この3つを実践する上でのエッセンスとしてNHKを活用してください。

　NHKのポイントは次の4つです。
①専門性をより高める
　「専門」とは、お店の専門性をどれだけ高めるかです。良品＆良店の項でお話ししてきた内容を研ぎ澄まし、より専門店らしさをアピールします。
②唯一化してブルーオーシャンを作る
　「唯一」とは、商品や店舗などによる他社他店との差別化であり、競争のない市場を切り開くブルーオーシャン戦略です。
③商品周辺の情報コンテンツを整備する
　「情報」とは、商品の情報だけではなく、商品を取り巻く間接的な周辺情報をどれだけ多く揃えて発信できるかということです。
④ファン化という要素を加えてリピートやクチコミを作る
　「ファン化」とは、ファン対応とも言い換えられます。既存のお客さんとの距離をより縮めて関係をどれだけ深められるかです。満足、接点、関係値作りを行うことを示します。

　この4要素がお店にもたらすのは、飛行機にたとえるなら、次元の違う高度への到達と気流が整った安定飛行です。つまり、高額売上を安定して維持できるということです。

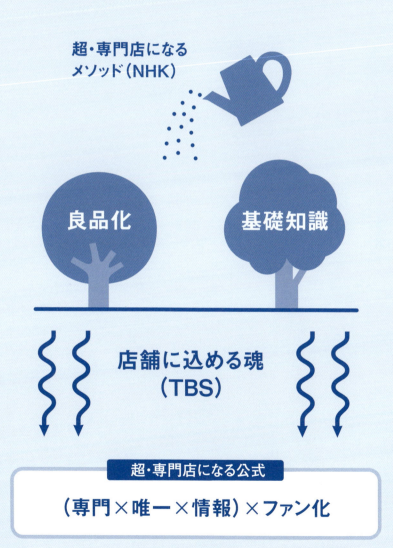

超・専門店になるには

[専門品を圧倒的に増やして
専門店らしさを醸し出す]

専門性アップのコツ

バリエーションや隣接品も増やすとともに専門店ならではのページ作りを目指そう

　専門店の店構えにするには、何といってもお店を専門品で埋め尽くすことが必要です。良品＆良店と同じですが、品物の横幅を広げるだけではなく、縦の深さも加えることがNHKにおける専門化です。

　まずその専門分野における人気、定番、新作という３つの基本商品を揃えることがファーストステップです。これが存在位置アピールの最初のまき餌になります。ここまではNSKの段階で作り上げておきます。NHKのプロセスでは、バリエーションを増やすことや隣接商品を増やすことを重視します。自社が得意とする商品に限らず、他社品であってもそれを呼び水として活用することで、自店を知ってもらうことを目的とします。「この店は広い！　深い！」というインパクトを与えるためにバリエーションと隣接品を用意するのです。

　バリエーションとは、サイズ、色、バージョンの豊富さなどの選択肢が多いということと、より上位品、より廉価版も含めて、消費者にとっての選択肢が多いことがキーになり

ます。隣接品とは、たとえばワイン屋であればグラス、ティーカップ屋ならコーヒー、紅茶、魚屋なら焼き網や燻製器など中心商品の隣にあるものです。これはモノだけに限りません。旅行用品専門店であれば、旅行代理店と提携して旅行そのものを販売したり、旅行保険を売るのも有効な手です。

　さらに、店の専門性が表われるのは品揃えだけでなく、店作り（ページ）の部分です。店内を専門店らしくするのです。消費者は専門店に対して居心地の良い空間を求めます。喫茶店ではなく、「タリーズ」や「スタバ」のようなコーヒー専門店を目指すのです。専門店ならではの、「業界に特有の単語」「その業界の店長だからこそできる表現」がニーズになり、売れる理由になります。

　これはページ作りだけではなく、メルマガ、お客様の声、レビューの掲載でも同じです。モノを直接売るのではなく、モノを手に入れたときに得られるベネフィットや周辺情報を伝え、それがほしくなるように仕向けるのが基本戦略です。

専門店に求められているもの

×
- 安い
- 送料無料
- 今だけ
- ポイント10倍

○
- その業界ならではの単語
- その業界の店長だからできる表現

紅茶にたとえるなら……

ダージリン　＜　キームン　＜　ファーストフラッシュ
セイロン　　　アッサム　　　初摘み

超・専門店になるには

「唯一」を持つことで競争のない未開拓市場を切り開ける

唯一化を高めるコツ①

商品、ネーミング、コラボレーションで他社が真似できないオンリーワンを作る

　超良店化の要素の中で最強の項目が「唯一化」です。他社他店にはない自社だけの価値を創出できれば、競争や比較から自由になることができ、ブルーオーシャンが作れます。

　最も強烈な唯一化は自社商品です。自社生産品、自社製造品という1次産業商品そのものは本物の「唯一」です。このアドバンテージを活かさない手はありません。ただ、物理的な唯一品を持つ企業はそう多くはありません。それでも次のように唯一化に成功している例があります。

　まず、ネーミングによる唯一化です。「リンゴ」「美味しいリンゴ」「青森のリンゴ」ではインパクトがありませんが、これが「安曇野○○農園のリンゴ」になればネーミングブランドが確立できます。「ブルガリアヨーグルト」「グルジアヨーグルト」というネーミングで唯一化できている好例もあります。

　ネーミングのポイントは、その商品が最も輝き、イメージがぴたりと一致するネーミングであることと、リアリティ（シズル感）を伴うことです。また、ネーミングのヒントとして省略可能ということも挙げられます。「マック」や「スタバ」が典型的な例です。そして、中学生でも理解できるような誰もが知っている単語を使うことも大切です。

　次の唯一化の方法は、組み合わせ、コラボレーションです。仕入食品でも組み合わせて東西の食べ比べとしたり、他とまったく同じ家具販売でも「組み立てビデオ付きは当社だけ！」などといった手法も有効です。街中のアパレル店のように、組み合わせ（キッティング）、アレンジ、マネキンの着合わせが店独自の物理的なオンリーワンになるという事実も良いヒントになるでしょう。

　コラボレーションは強烈な唯一化が可能です。「ハイジ」「スヌーピー」などのアニメやゆるキャラを使う方法から、肉と米でパワフルディナー、有機野菜と有機キノコでやさしい食卓といったコラボ、また、中小の歩数計メーカーが超大手のランニングシューズと組むといったケースもあります。コラボのポイントは関連性です。誰もがなるほどと納得できるようなコラボが必要です。

「唯一化」を高めるコツ①

自社商品

- 生産品
- 製造品
- 産直品

自社生産品であれば産地の土地や季節を活かしたり、製造品であれば特徴的な技術を強調するなどの方法によって、商品をオンリーワン化できる。

ネーミング

ヨーグルトであれば「ブルガリア」や「グルジア」など、具体的な生産地名などを商品名にすることで、商品のイメージがストレートに伝わる。

組み合わせ・コラボ

自社商品ではなく仕入品や他社と同じ商品であっても、組み合わせやコラボで独自の世界観を作ることができる。ただし、関連性の低いコラボは逆効果になることも。

超・専門店になるには

Inviolable rule 04

[世界観を絞り込むことで
ターゲットが明確になり
唯一化できる]

唯一化を高めるコツ②

ネット限定品、世界観、セレクトショップ、顧客管理でオンリーワンのショップを目指す

　店の世界観を作る、ネットの優位性を活かす、また、顧客管理でも唯一化が可能です。

①ネット限定品

　多くの大手企業も採用している戦略です。「草加煎餅」最大手の企業では、直販で顧客とつながり、商品の反応を直接リサーチするためにまず限定品をネットで販売します。一般市場でもネット限定品があることを明示し、リアル店品からもネットに誘導します。また、人気投票やレビューなどでネットを盛り上げるとともに、人気品は一般流通にも流しています。これでリアルとネット双方向の導線が作られ、両方が増収になっています。

②世界観

　世界観で唯一を作るのも有効です。リアル店でもレッドオーシャン市場で唯一化している例があります。カレーの「CoCo壱番屋」は選べるトッピングで唯一の世界観を作っています。理髪店の「QBハウス」はカットだけ10分という手軽さで潜在的な本音ニーズに絞り込みました。マッサージの「てもみん」は10分単位の安さ、空き時間にちょっと一息というニーズにヒットし、ネーミングの唯一化にも成功した例です。「タリーズ」はコーヒーだけでなく空間の提供という点では他店と共通しますが、そこに喫煙可能、冷めても美味しいという顧客の要求を満たしました。

③セレクトショップ

　自社商品に依存しない「唯一」の代表であり、成功事例も多いのがセレクトショップです。セレクションは絞り込んでペルソナを明確にすることで専門性が作られます。実例として、既製品だけを集めながらそれを逆にコンセプトとし、独自の世界観で他の追従を許さない女性インナーのH社があります。

④「三河屋さん」作戦 ※p.21参照

　顧客管理も有効です。数百、数千のVIPをカルテ化し、購買履歴や家族構成、やりとりしたメモなどを残して個別に対応することで一般的大衆品でも唯一化できます。ポイントはVIPリストを数千以内と少なくし、その分を濃さ、深さに向けて、利益効率を上げることです。この作戦はクチコミなどによるファン化にも結びつきます。

「唯一化」を高めるコツ②

ネット限定品

一般流通品や大手、最初からオンリーワンの商品を持っている製造メーカーでは、ネット限定商品を用意して、ネットとリアルの双方向的な導線を作ることで唯一化が図れる。

世界観

レッドオーシャン市場のリアル店でも、自社商品といったモノではなく、何らかの特化やアイデアなど環境や世界観で「唯一」を作って成功している例がある。

セレクトショップ

顧客に喜ばれることを前面に打ち出してセレクト品を選び、商品の伝え方やこまやかさなどで独自の世界観を作り、セレクト品だけで専門店化に成功している例も多い。

「三河屋さん」作戦

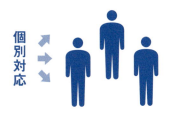

数千以内の少ないVIPリストを作って顧客管理し、痒いところに手が届く快適さという世界観を作ることで、客単価とリピート率を上げることができる。

超・専門店になるには

Inviolable rule 05

［ 専門の情報を多く揃えれば集客率はアップする ］

消費者は自社本店・専門店だけにその筋の「情報」を期待している

次は情報コンテンツによる専門店化についてです。消費者が総合店には求めず、自社本店・専門店にだけ期待しているのが情報です。もちろん、情報コンテンツそのものは、自社本店・専門店に限ったニーズではありません。しかし、総合店が専門性を深掘りしたら、構造と労力の問題から総合店としては成り立ちません。

まず、構造という点では、総合店は情報コンテンツ提供にふさわしい店作り（ページ作り）ができるインフラシステムにはなっていません。商品名や写真、ある程度の説明などを組み込むことはできますが、バナーやレイアウトなどの自由な表現は不可能です。それが仮にできたとしても、労力的に無意味です。

総合店では、詳しい情報は他のサイトを参照するよう明確に切り分けています。これはリアル店でも傾向がはっきりしてきています。大手家電販売店では店舗をショールームと割り切っていて、テレビやオーディオなど大きなものは持ち帰ることよりも選べることに面積を使い、購入は自社のネットに着地させる戦略をとっています。

一方、専門店にとっては情報コンテンツを整備することが必要不可欠な施策です。なるべくたくさん、かつ深い内容の専門情報を提供することが、NHKの中心である情報コンテンツ作戦の真骨頂です。

情報が多いほど売り場面積が増えます。これはネットならではのなせる技です。その情報が専門的になるほど専門店化が進みますし、ファン作りにも結びつきます。専門の関連情報をできるだけたくさん揃えるようにしましょう。

次ページから、「情報を整備する3つのヒント」と「情報収集の応用例」をご紹介します。

情報を整備する3つのヒント

① まとめによる情報コンテンツ化
群を抜いた情報の豊富さで専門店としての特徴を固める。

② 関連情報による情報コンテンツ
自社商品に直接関係なくても、関連情報を提供することで購買転換率がアップ。

③ 初級、中級、上級コンテンツ
初級、中級、上級コンテンツを用意することで飽きさせない情報を提供。

情報収集の応用例

① 情コンの情は、情熱の情でもある
情報コンテンツの品質の良し悪しは情熱に直結している。

② 独立した情報ページ化のメリット
豊富な情報でページを増やせば巨大な専門モールができあがる。

③ コト軸の情報を提供する
モノを買う動機はコトから始まるので、コト軸の情報コンテンツは強い。

④ 「コバンザメディア」作戦
業界関連のニュースなどを他の媒体から集めれば強力なコンテンツに。

超・専門店になるには

Inviolable rule 06

[多くの情報コンテンツで
売り場面積を増やし
自店ページに消費者を誘導する]

情報を整備する3つのヒント

関連情報とレベル分けした情報の提供で店へのリピーターが増える

　ここでは実例を挙げて、情報コンテンツを整備するヒントを考えてみます。

①まとめによる情報コンテンツ化

　高度安定経営の某ラジコン店があります。その店は商品点数がとても多く、情報の豊富さが群を抜いています。情報の中身ですが、自社で扱っていないパーツや商品も含めて、世界中のメーカーサイトから集めたPDFマニュアルのコーナーを設けています。これにより、マニュアルをなくしたユーザーがネット検索した際に、同店の存在を知らせることができますし、あらゆるマニュアルがまとまっているため「この店は便利だ」と認識されてブックマークされます。また、ラジコンに関するビデオ映像をYouTubeなどから集めて整理し、日本語の説明をつけリンクさせています。同じように、ラジコン趣味ユーザーの検索やクチコミから、自店に消費者を誘引できます。

②関連情報による情報コンテンツ

　このラジコン店では、ラジコンを飛ばすための全国のゲレンデ情報や天気予報まで提供しています。自社商品に直接関係のない情報でも、ユーザーには必要な情報なので、検索やクチコミにより自社本店サイトに消費者を誘導できます。こうして集客が上がるだけでなく、商品を使うための情報（コト軸）が満載なので滞在時間が長くなり、商品がほしいという気持ちが醸成されて購買転換率がアップします。さらに、ファン化が確定します。

③初級、中級、上級コンテンツ

　初級者向け、中級者向け、上級者向けのコンテンツを用意することも効き目があります。燻製チップをリピート収益源とし、そのために燻製器を販売している某メーカーも、燻製の方法の情報が少ないことに目をつけてこの仕掛けを活用しています。難易度がステップアップするごとに成功体験をしてもらうことで、長く飽きさせない情報コンテンツを提供できます。これによりリピーターを増やし、チップ販売もしっかり獲得しています。この初級、中級、上級というレベル分けした情報コンテンツはどんな業態でも使えます。専門店ではとくに初級と上級の効き目が大です。

ラジコン店に見る情報収集のコツ

まとめによる情報コンテンツ化

世界中のメーカーサイトからPDFマニュアルを集めるとともに、ビデオ映像も収集・整理して情報提供することで、ブックマークされて自店に消費者を誘引。

関連情報による情報コンテンツ

不可欠な関連情報を提供することで集客、転換率がアップ。ファン化が進み、楽しく便利なサイトと認識されれば、お客さん自らが自分のデバイスにリンクをセットしてくれる。

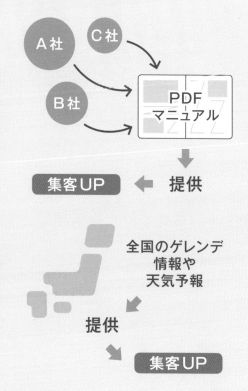

燻製器メーカーに見る情報収集のコツ

初級、中級、上級コンテンツ

難易度に応じて成功体験を積み重ねていくことで、消費者は達成感や面白さ、満足感を覚えてリピーターとなる。こうしたコト軸の情報は強いコンテンツになる。

燻製に興味があってもやり方を知らないのでは？
↓
レベル分けすれば……？
↓
初級→中級→上級と、難易度に応じ、コンテンツを用意
↓
長期間飽きないコンテンツ提供が実現

超・専門店になるには

Inviolable rule 07

[情熱を傾けた情報コンテンツは
自社の大きな財産になっていく]

情報収集の応用例
コト軸コンテンツを充実させるとともに外部からの情報も最大限活用しよう

続いて、情報収集の応用例を紹介します。

①情コンの情は、情熱の情でもある

情報コンテンツには自社の情熱が強く反映されます。情熱があれば腑に落ちる面白い情報コンテンツになりますが、なければ浅く説得力のないコンテンツになります。心で語れるのは専門家だけですから、情報コンテンツの中身はぜひ自社で考えたいものです。

②独立した情報ページのメリット

ネット店は物理的な立地や面積を持ちません。情報量を増やすも減らすもコストにはほとんど差はありません。ページを増やすだけで売り場面積や店の間口を広げることができます。こうした情報コンテンツはすべて自社の財産になっていきます。

③コト軸の情報の実装例

ウエディングドレス店、パーティドレス店、フォーマルバッグ店などであれば、結婚式のマナーやテーブルマナーなどがコト軸情報です。合わせる靴やバッグ、アクセサリーの組み合わせやアレンジもコト軸コンテンツになります。バイクパーツ販売ならばツーリングを想定して1泊で行けるオススメの宿やコースガイドなど、食材事業であれば春夏秋冬のレシピ、コスメならオフィスで映える1分メイクなど、コト軸情報が増えればサイトそのものににぎわいが出てきます。

④「コバンザメディア」作戦

情報コンテンツには外の情報もどんどん活用しましょう。「業界関連のニュース」などを集めれば強力なコンテンツになります。一般雑誌や業界誌なども有効です。媒体そのものに力があるので検索やクチコミが勝手に生まれてきます。自社商品に関連するイベントをリスト化し掲載することも同じ効果をもたらします。自社と自社商品に直接的なメリットはなくても、大手メディアの情報は消費者にとってはその商品を取り巻く話題なのでまとめて掲載して損はありません。関連イベントに来るタレント名などまで自社サイト内に配置でき、情報が蓄積されれば、クローラーからはまるで自社サイトが情報発信の中心だと見える「コバンザメ」のような効果が生まれます。

情報整備力を高めるコツ

① 情コンの情は情熱の情でもある

情報の情熱は大切。ネット施策は外部に委託してもよいが、情報コンテンツは十分な時間とコスト、そして情熱を注いで自社で制作しよう。

② 独立した情報ページのメリット

情報ページを増やせば、自社を巨大な専門モール化して、日本中に多数の自社サテライトを作るのと同じことができる。それがネットでの立地や面積の考え方。

③ コト軸の情報の提供

		コト軸
バイクパーツ屋	なら＝	1泊で行ける宿
コスメSHOP	なら＝	1分メイク

自社商品とは直接関係のないコト軸の周辺情報をたくさん盛り込むことで、消費者の関心を集め、間接的に商品への興味を喚起する。サイトがにぎわって楽しくなるメリットも。

④「コバンザメディア」作戦

自社業界の雑誌や業界紙
↓
ニュース引用

情報発信力の強い他メディアのニュースなどの情報を収集・引用することで、検索やクチコミが勝手に生まれ、自社サイトへの動線が作られる。

column

ネット上の立地を良くするには①

ネットでの立地は
複数の自社関連サイトの集合体

　情報コンテンツの持つ力の大きな側面は立地獲得です。物理的な立地のないネットの世界では、情報とそこに集まる人々そのもの、そしてメディア上の知名度が立地にあたります。好立地は自社で作ることができます。それは、「自社本店の外に立地を持つ」「自社サイト外に置く自社の情報コンテンツ」「外部イベントへの参加」で実現することができます。

　ネットでの立地は物理的な1ヵ所ではなく、複数の自社関連サイトの集合体を指します。そうした外部のメディアはヤフーなど大型のポータルサイトだけではありません。グーグルなどの検索サイトや星の数ほどあるブログ、まとめサイト、SNSによるクチコミなどの情報サイトがすべて対象になり、その影響のほうがむしろ大きいので、面積はきわめて広大になります。どこが銀座で、どこがニューヨークといったように場所は限定されません。

　アマゾンやヤフー、アメブロなどは1つの館として集客力のあるメディアですが、三越、髙島屋、イオン、アウトレットモールなどがお店のすべてではないのと同じように、自社本店・専門店にとっては、むしろその筋やその世界のたくさんの小さなメディアのほうがはるかに強力です。しかも、安い費用で利用することができるというメリットがあります。

　また、大型メディアには常に競合との競争が存在しますが、個々の専門メディアはこの傾向が少ないことも特徴です。

　こうしたネット上の専門メディアは単一の館ではなく、丸の内、表参道、新宿、心斎橋、札幌、天神といった地域に相当します。あるいは、下北沢とかキャットストリート、お台場などさらに特化した狭いエリアともいうことができます。ただし、リアル店と違って、1ヵ所に集中するのではなく、飛び地の集合のように多面的なものになります。

　ネットショップでは自社本店の外にどれだけの面積を持つかが売上を大きく左右します。そして、好立地は自社で管理できます。ネットにおける立地とは、自社でコントロールが可能であり、作り出すものであると考えてください。

ネット店は、情報と そこに集まる人々が「立地」

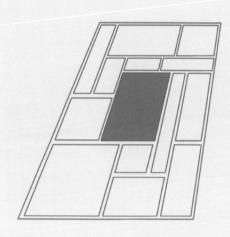

リアルな繁華街
中心ほど濃密、徐々にまわりに広がる。中心に出るには家賃など高いハードルがある。

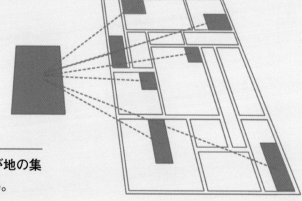

ネットでの繁華街
自社にとっての小さく濃い飛び地の集合が自社専用の繁華街になる。

column

<u>ネット上の立地を良くするには②</u>

他社運営の
専門メディアへの参加

　ネットにおいて立地を良くするには、まず他社が主催している専門サイトへエントリーする方法があります。たとえば、自社が家具・インテリア店、雑貨店であれば「RoomClip」、産直品であれば「たくさんとくさん」、食品であれば「おとりよせネット」といった、それぞれの専門分野に強いメディアがたくさんあります。

　これらの外部メディアに参加することで、普段は出会えない顧客との接点作りができ、1つの有効な集客手段になります。

　デメリットとしては、専門メディアなので比較にさらされることがあります。しかし、こういった専門メディアの多くはランキングやプライス、セールよりも、世界観を売り物にしているケースが多いので、あまり心配する必要はないでしょう。

　自社外の関連メディアを探すときは、消費者が入力するであろう単語で検索すれば、関連するメディアがいくつも出てきます。自社の専門分野であればすでにいくつかご存知だと思います。

　参加の費用はさまざまですが、広告宣伝の項で説明した表示ごと（CPM）、クリックごと（CPC）、成果報酬（CPA）料金体系のいずれかが標準です。

　専門メディアではありませんが、オークションへの参加もよく行われます。買い手の数が国内で圧倒的に多い「ヤフオク」をお勧めします。目的は自社売名ですから、オークションへの出品の仕方としては呼び水的に利用することを考えましょう。店名やキーワード、できれば本店へのリンクを付けます。

　出品商品は原則的に、専門品の中でも人気品、定番品がいいでしょう。オークションにはある特定分野のマニアよりも一般大衆が多く集まっているからです。また、オークションなので当然価格は固定ではなく、入札額で決まります。

　なお、オークションはオークションストア（法人用アカウント）よりも、個人用アカウントのほうが多く閲覧される傾向があることも覚えておきましょう。

専門メディアへのエントリー

たとえば……

家具屋
雑貨屋　→　RoomClip

産直品　→　たくさん
　　　　　　とくさん

食品　　→　おとりよせネット

> ネット上の立地を良くするには他社主催の専門サイトへのエントリーも1つの方法。専門メディアは他社・他店と比べられるというデメリットもあるが、世界観を売り物にするサイトが多いのであまり気にしなくても大丈夫。

column

ネット上の立地を良くするには③

自社が運営する
本店外メディアを徹底活用

　自社の情報コンテンツを自社ページ以外に持つことも立地を広げる手段です。方法は大きく分けて2種類です。1つは既存インフラに乗る方法、もう1つは完全な自社専用メディアを作る方法です。

①既存メディアインフラを使う

　代表例がフェイスブック、インスタグラム、アメブロ、ツイッターなどで、簡単に面積を増やせます。また、既存インフラを利用するという意味では、ネイバーまとめやYouTubeも店外メディアです。

　これらには、伝播性、拡散性、ウォールなど相手の閲読の行間に入り込むことができるメリットがあります。しかし反面、同業他社広告が入るデメリットを避けることができません。こういった理由から、店長ブログは自社ドメイン内に設置する企業がほとんどです。記事アーカイブがすべてSEOとして効いてくるというメリットもあります。

②自前インフラの完全自社メディアを作る

　自社が100%自由に活用でき、集客力も転換力も持つのが自前で運営するメディアページ（オウンドメディア）です。最も簡単なのがまとめサイトです。別ドメインの自社サイトを1つ用意し、専門関連のまとめサイトを作ることで、本店の外に立地を確保することができます。これをいくつも作れば、それだけ面積が増えます。本店から見ると、この外部サイトからのリンクは外部リンクの扱いになり、関連性が強ければ強いほど自社本店側のレーティングが上がるというメリットがあります。

　注意点としては、無料ホームページを使うと広告が入るので、有料のレンタルサーバでなければいけません。また、書き込むコンテンツは、自社本店内のものと重複させないことも大切です。とくに、コピペされた自社メディアは、クローラーからコピーと判断されペナルティを受ける可能性があります。

　また、1つのメディアの内容は1つの軸に絞り込み、その分、複数のメディアサイトを持つことをお勧めします。内容が複雑だと特徴が際立たず、クローラーからも判断が困難になり、消費者から敬遠されるからです。

既存メディアインフラを使う

- フェイスブック
- インスタグラム
- アメブロ
- ツイッター

既存メディアで簡単に面積を増やせる。メリットは伝播性、拡散性、ウォールなど相手の閲読の行間に入り込めること。ただし、コンテンツ類似の広告が入ることは避けられない。

自前インフラのメディアを作る

たとえば…… **キャンプ用品店の場合**
1つの軸に集中、その代わり複数のサイトを持つ

| ハウツーのみのアーカイブサイト | クッキングオンリーのサイト | キャンプ場のサイト |

自社メディアであれば他社広告は入らない。自社メディアを作るポイントは、特徴や軸ごとにメディアサイトを複数立ち上げ、内容を絞り込んでそれぞれ特徴を際立たせること。

超・専門店になるには

Inviolable rule 08

[ファン化を強力に進めることが
ネット通販の
安定経営のために大切]

ファン化推進の前に
自社の顧客管理を採点しよう

　NHK方程式の最終項目が「ファン化」です。公式のとおり、「専門」「唯一」「情報」のすべてに掛け算されるほどの強力な効果を発揮します。

　Chapter 01に書いたとおり、ネット時代の通販は数や量を次々と垂れ流すのではなく、少量の濃さを競うようになっています。こうしたネット通販でとくに大切になるのがファン化です。

　とくに、自社本店・専門店ではリピートやクチコミ拡散を狙います。1万人のお客さんが1度きりで触れ合うのでなく、1000人のお客さんが10回、あるいは100人のお客さんが100回触れてくれることを目指すのです。

　ファン化成功の秘訣は大きく次の5つです。
・距離を縮める
・接触頻度を高める
・関係を深める
・参加してもらう、仲間になってもらう
・また会う理由を作る

　実際にファン化を推進する前に、まずは自社の顧客管理がどういう状況かを採点してみましょう。相手である顧客に気に入ってもらっているかどうかを指標とします。たとえば、メルマガを読んでくれているか、連絡メールに返信をくれているか、レビューを書いてくれているか、などです。

　そして最も大切なのは、そうした顧客への連絡が自社の心の声からの内容になっているということです。たとえば、送信する連絡メールは無機質な自動送信などではなく、相手に合わせた個別のものになっていて、気の利いた一言が添えられていることが重要です。

　メルマガであれば、顧客が読みたいと思ってくれる内容か、待ち遠しいと言ってくれるかどうかがポイントです。そうしたメルマガを配信するためには、お客さんは何に興味を持っていて、どんな情報や言葉を求めているかに気を配り、真心で対応することが求められます。顧客管理の上では、顧客の反応をきちんとデータとして管理し、自社がどのくらいできているかを常に採点しましょう。次ページからファン化を進めるポイントについて解説します。

ファン化を進める 15 のポイント

1 ファンが増えているかをチェック
ファンが増えると、少ない露出とアクセスで成果が出る。その指標はROI（投資還元度）。

2 リピート
ファン化によりリピートとクチコミが増える。その施策の本命はメールとメルマガ。

3 閲読率
メール、メルマガの閲読率の平均は9％。コンテンツを充実させて閲読率を高めよう。

4 メルマガ効果
群像を分けて発信するメルマガは全顧客1パターンのメルマガの数倍の効果が見込める。

5 リアルイベント
ネット通販でも、リアルイベントへの顧客の参加を促すことで拡散効果が得られる。

6 ネットイベント
自社内イベントはお得意さんへのサービスのために行うのでVIPのみのエントリーに。

7 定期購入
商品にまつわるコト軸、参加意識、共感を高めるイベントで定期購入につなげる。

8 クーポンセール
大切な顧客に限って招待するイベントやスペシャルクーポンで満足感をより高める。

9 コミュニケーション
ファン化へのコミュニケーションのポイントは顧客の嗜好とタイミングに合わせること。

10 必要な存在になる
「ここに来ればこれがある」ということを明確にし、得られるものを顧客に記憶づけする。

11 参加する理由を作る
フォローと参加とリアクションによって、顧客の参加意識と支持が生まれてくる。

12 また来てくれる
リピートの目的は、「今日買ってくれる」ではなく「また来店してくれる」こと。

13 来店の理由を作る
来店するだけでポイント進呈、頻繁な情報更新などでお店を覚えておいてもらう。

14 「中華街効果」
同業他社でサイトを作り、専門業者が集まる共催イベントを開けば高い集客が見込める。

15 誕生日を聞く
誕生日や血液型などハードルの高い情報を教えてくれる顧客はファンだと判断できる。

> ファン化を進めるポイント①

ファンを増やすだけでなく
ROIで成果をチェックしよう

　ファンが増えると、月商あたりのユニークユーザー数（一定期間にWebページへアクセスした正味の訪問者数）が減ります。購買目的のアクセスが増えるからです。NSKの項で述べたとおり、ネット通販では、どれだけ集客できたかというセッション数、そのうちどれだけ購入に至ったかというコンバージョン、そして客単価が重要な指標になります。しかし、最近はこれだけでは不十分だといわれています。ネット通販の目的はあくまでも商売です。セッションやコンバージョンがいくら良くても売れなければ意味がありません。
　私たちが常に着目しておくべきことは、投下費用に対してどれだけ売上が計上されたか、どれだけ利益が出たかです。したがって、測るべき指標はセッションやコンバージョンよりも、むしろ前述したROI（投資還元度）です。言うまでもなく、ROIを出すには商品原価や事業費まで計算に含める必要があります。いかに少ない露出とアクセスで、どれだけ高い成果が得られるかを求めましょう。
　これが最もよくできているのがアマゾンです。用がなければサイトを訪れることはなく、アクセスするときは物を買うとほぼ決めているからです。これを見習うのがROI経営です。

> ファン化を進めるポイント②

メールやメルマガを徹底活用して
リピートとクチコミを増やす

　ファン化が進むことで端的に表われる現象はリピートとクチコミです。リピートは獲得コストゼロの集客であり、新規の集客と比べ10倍以上の経済効果があります。既存客はすでに関係値があり、信頼を得ていて、連絡先もわかっているからです。当社では、新規客の獲得単価に対してリピート回数のアベレージを計測していますが、逆算すると全平均でも12倍、高いところでは50倍超（33ヵ月統計）の効果のあることがわかっています。
　こうしたリピートを得るための本命となる方法はメールとメールマガジンです。大事なのは内容と送信タイミングです。全顧客一括よりもグループ、グループよりも個人といったように、顧客を個別に群像化するほど効果が高くなります。
　すべての顧客へ個別に出すのは手間もかかるので、現実的にはグループ送信ということになります。その場合、顧客層で分ける、商品群で分けるなど、単一の角度ではなく複数角度でグループ分けするほうが効果は高くなります。なかでもVIPクラスの顧客にはメルマガではなく、個別メールで対応するほうが当然高いリピートにつながります。おもてなし度、人肌温度が生命線です。

ファン化を進めるポイント③

一瞬で記憶に残るコンテンツでメール、メルマガの閲読率を高める

　メール、メルマガの閲読率は平均9％ですが、あるお米専門店のメルマガは大人気で開封率35％、閲読率26％超です。米にまつわる話や店主の気づき、愛情など読み物として面白い内容になっています。お客さんは店主を愛称で呼び、完全にファン化されています。

　閲読率を高めるポイントは「HTMLメール」「コンテンツ」「題名」の3つです。

　まず、HTMLメールは通常の電子メールでは不可能な画像の埋め込み、文字の色付けやフォントサイズの変更などが可能です。メルマガも文字だけのものに比べて画像が中心だと読む動機が生まれる、一瞬で記憶に残る、リマインド効果があるという利点があります。

　コンテンツで重要なのは、「毎回読みたい！」と思うような内容になっていることです。スマホ時代では題名も大切です。PCメールは開かなくても内容が一部表示されていますが、スマホメールでは表示されるのは題名だけなので、興味のない題名だとフリック1つで削除されてしまいます。題名と内容で気をつけるべき点として、メールサーバやメールソフトには単語を解析して迷惑メールフォルダに振り分ける機能があるので、あおり、脅し、売り込みの単語は使わないことです。

ファン化を進めるポイント④

自社本店・専門店のメルマガ効果はモール店の数倍にもなる

　ネットモールでは、百貨店や総合スーパーなどへの出店と同じように、新規客でもリピート客でもレジ（POS）で精算が終わると同時に、自動的にその館の購買記録として登録されます。そして、DMであれメルマガであれ、館全体として登録・適用されます。つまり、全顧客に1パターンのメルマガ（チラシ）が届けられることになります。

　これに対し、自社本店・専門店では個別や群像別の対応が可能です。その対応によってN倍効果が生まれます。つまり、顧客群を2つに分けて、それぞれに適した案内を出せば効果は2倍になります。群像をさらに細かく5つに分ければ効果は5倍になります。

　アマゾンなどでは顧客にパーソナライズメール（購入商品や性別などでユーザーを分類し、相手ごとにメール内容を変える）を送ります。これは消費者にとっては自社本店からの情報と同じです。しかし、売り手から見れば、メールに並ぶ商品が自社のもののみとなり、価格を含む比較が存在しません。これが自社本店にしかできないパーソナライズです。

　このように、個別、群像別のメール、メルマガをきちんと届ければ、ネットモールなどの10倍以上の効果が期待できます。

> ファン化を進めるポイント⑤

リアルイベントに参加することでも大きな拡散効果が得られる

　新規顧客との接点作りや既存客のサービスとしても、イベントは大いに活用したいものです。商店街やアウトレットモール、マーケット専用エリア、公園、市場、駅前など、あちこちでたくさんのイベントが開催されています。SNSなどが発達している現在、こうしたリアルイベントに参加することで大きな拡散効果を得られます。情報は行政やフリーペーパーなどからたくさん入手できます。

　京都茶葉農園をたくさん抱えるお茶の通販ショップでは、首都圏でのリアルイベントに積極的に参加されています。それだけではなく、自らオリジナルの茶摘み会を開催したり、茶畑オーナー制度による茶摘み代行サービス付き新茶定期購入、静岡茶飲みくらべツアー、パリで観光客にお茶を飲ませる会など、楽しくて儲かるイベント満載のネット通販を展開しています。

　また、レジンという非金属による手作りアクセサリーパーツショップでは、レジンアクセサリーの作り方教室を地元大阪で毎週、行うだけでなく、札幌から沖縄まで月に2度以上出張でも行っています。毎回お客さんが友達を連れてやってくるので、広告は一切行っていないのに顧客は増える一方だそうです。

> ファン化を進めるポイント⑥

ファミリーセール、謝恩祭などの自社内ネットイベントでVIP対応を

　リアルイベントばかりではなく、もちろんネットイベントもファン化のために大きな効果を発揮します。

　ネットイベントの形としては、大きく分けて3つあります。

　1つめは自社内イベント、2つめは他のイベント業者への参加、3つめが共同開催のイベントです。

　まず、自社内イベントは、自社顧客へのサービスというものを重点として開催します。つまり、お得意さん対応です。リアル店でも実施されるファミリーセール、謝恩祭などがこれにあたります。当然、VIPのみのエントリーにします。

　また、ファン化とは性質が違いますが、新規顧客の獲得を目的とした初心者限定イベントや、女子のみなどターゲットを絞り込んだイベント企画を行って、顧客の囲い込み、絞り込みを図っている例も数多く見受けられます。

　なお、2つめのイベント業者への参加については目的が新規客を集めることがメインになるのでここでは触れません。3つめの共同開催イベントは、「中華街効果」の項で後述しますが、ぜひお勧めしたい方法です。

ファン化を進めるポイント⑦

商品周辺のコト軸を基本に 定期購入につながるイベントを実施

　イベントの王様ともいえるのが、定期購入につながるようなイベントです。

　地域の小売酒店であるS社は、江戸時代から続く油、酒の販売商です。この企業は先代から続けている実店舗で人気のイベントをECでも展開し、成功を収めています。それは、以前から当地（リアル店）で毎月行ってきた「説法付きの利き酒会」です。あまりにも長い間人気なので、それと同じメカニズムでネットでも実践しています。

　4000円、7000円の2コースを作って毎月お酒を1本提供し、その商品を軸に店主マイスターが顧客に対してお勧めの飲み方、そのお酒に合う食品、美味しく呑める酒器などを同梱で提供し、お酒そのものに加えて「お酒の楽しみ」を販売することで定期購入につなげているのです。

　毎回何が付いてくるのかというワクワク感も手伝って、現在会員数は750人、継続率は96％です。

　このイベントは、企業として安定した収益をもたらすものになっているのはもちろん、コト軸、参加意識、同一方向の共感、コミュニティ、クチコミ伝播などNHKの多くの要素が含まれています。

ファン化を進めるポイント⑧

お得意さん限定のクーポンや セールで特別感を提供する

　リアル店ではよく行われていますが、ファミリーセールはお得意さんだけが招かれるスペシャルイベントです。ファミリーセールは、招待状があれば高額商品などが安く買えるので圧倒的な人気です。

　安さはもちろんですが、ファン化ということを考えたとき、そのキーワードは「特別感」にあります。普段クーポンを発行するのとは別に、大切なお客さんだけに限って招待するイベントやスペシャルクーポンは特別感満載で、受け取る側の満足度がより上がります。

　したがって、対象は本当のVIPに絞り込まなければ意味がありません。VIPとはライフタイムバリュー（LTV）の高いお客さんのことです。LTVは顧客生涯価値といわれます。自社商品・サービスに対する愛用者であり、長期にわたってのリピート購入が期待できる顧客のことです。

　ネット通販でファミリーセールを実施するときのコツは、恣意性なしに、本当のファミリー対象のセールにすることです。たとえば、新作はファミリー優先の先行販売にするとか、在庫処分はその割引率では再販売しないことなどが大切です。ここで信頼を築くことがファン化には確実に効果を発揮します。

ファン化を進めるポイント⑨

顧客の嗜好とタイミングに合わせた商品提案や情報提供を

　ファン化のためのコミュニケーションのポイントは、お客さんの「嗜好」と「時間軸（タイミング）」に合わせて商品提案や情報提供をすることです。

　たとえば、産前産後のママをターゲットにした専門店であれば、購入商品やコミュニケーションの中から子どもの年齢や家族構成が見えてきます。そこから、生まれる前はマタニティドレス、生まれたあとは抱っこひも、乳児期には離乳食に使う食器、幼稚園ではお弁当箱など、時系列で追跡して商品を提案可能です。

　お客さんにしてみれば、タイミングよく、しかも自分の嗜好に合ったものを提案してくれる情報があることはきわめて心地よいものです。ここに時間軸を合わせる丁寧さが加わると、VIP感も手伝ってお店のファンになってくれます。

　商品によってはタイミングより嗜好が重要になります。ワインであればボルドーが好きとか、予算感も大事な要素でしょう。要するに、相手に合わせて、相手の望む心地よさを提供することがセオリーです。

　クーポンやポイントも、個別や群像別で分けて相手の嗜好に合わせることでファン化は深くなります。

ファン化を進めるポイント⑩

専門性を明確化して顧客にとって「必要な存在になる」ことが重要

　ファン化のためには「必要な存在になる」ことが大切です。生活の中で「この目的のためには、ここが快適で離れられない」という状態にすることです。そのための要素は2つあります。

　まず、「ここに来ればこれがある」ということを明確にする必要があります。つまり、お店の個性、専門性をはっきりと伝えることが大切になります。こういった点から総合ショッピングサイトには限界があります。商品ラインナップを広げすぎると、消費者から見て目的がわかりにくくなるからです。

　もう1つのポイントとして、顧客に対して「ここに来れば（商品以外の）何が得られるか」という記憶づけをすることです。専門店ではそれは情報であり、おもてなしなどの明確化です。嗜好が合っている、感性が同じ、サイズがぴったり、世界観や価値観が同じというのも強い記憶づけになります。

　これに関しても、やはり総合ショッピングサイトには限界があります。

　記憶づけはあれこれやりすぎてはいけません。「ここは得意」「これは扱っていません」とはっきり際立たせて記憶してもらうことが大切になります。

ファン化を進めるポイント⑪

顧客がお店に「参加」するための理由を作ってファン化を進める

　顧客がファンとなり、リピーターになるための最も重要なキーワードが「参加」です。顧客がお店に参加してくれるようになればファン化は強力に進みます。

　ユーザーレビューを寄せてもらい、それに対して丁寧にコメントするなど、双方向のコミュニケーションを伴った参加が最強です。あるいは、写真を投稿してもらうなど、利用者の声、意見、自慢を投稿してもらうことで参加意識が高まります。

　かつてのラジオの深夜放送、古今東西の雑誌、現代でいえばSNSなど、ヒットするものに共通するキーワードもやはり「参加」です。サイトへの投稿は、ラジオでハガキを読まれることに相当します。雑誌では取材で取り上げられたり、読者モデルとして参加することなどに通じます。そこから、「感激」や「身内化」が進んでいきます。

　インスタグラムやフェイスブックも同様です。フォローと参加とリアクションによって、参加意識と支持が生まれていきます。お店のページに参加する理由を作り、実際に参加してもらい、それに対してきちんと反応することで親近感がさらに高まってファン化が進んでいきます。

ファン化を進めるポイント⑫

「今買ってもらう」よりも「また来てくれる」を重視しよう

　ファン化というのは要するにリピートやクチコミです。では、その目的は何でしょうか？

　リピートの目的を即購買に置くのは早計ですし、ある意味でもったいない話です。結論をいうと、「買ってくれること」ではなく、「来店してくれること」に重きを置くべきです。

　やずや式（継続的な顧客を得るためのやずやのノウハウ）やステップメール（個々のユーザーにとって最低限必要な情報を段階に応じて伝えていくためのメール）がそうであるように、濃い付き合いよりも、長い付き合いのほうが結果的に購買額は多くなります。

　メリットはそれだけにとどまりません。長い付き合いの顧客は、クチコミなど友達を連れてきてくれる可能性が大きく、付き合いが長ければ長くなるほどその効果は高くなります。こうした営業マン効果に加えてヘルプデスク効果も発揮してくれるのがファンです。長いファンは店をよく理解してくれているので、お店に代わって良品が揃っていることの説明や、ときにはフォローまでしてくれます。

　ですから、顧客とは「今買ってもらう」よりも「また来てくれる」という関係になることが大切なのです。

ファン化を進めるポイント⑬

来店してもらう「理由」を作れば顧客は継続して来店する

　理由があれば会うのが知り合い、理由がなくても会うのが友達、理由を作ってでも会いたいのが好きな人といわれるように、理由は行動の起点。来店してもらうための「理由」を作ることがファン化のためにも重要です。

　リアル店でもやっている鉄板手法の1つに、お店に来て画面にタッチしたり、来店してスマホからサイトにアクセスしたりするだけでポイントを進呈するというものがあります。お店を忘れないでいてもらうためです。

　他にも、毎週ページの何かが変わっているとか、毎月どこかが更新されているのがはっきりしていると、思い出せばちょっとのぞいてみようという理由が生まれます。とくに、専門店の顧客はその分野の最新情報には興味が強いので、これも来店する立派な理由になります。

　お客さんからの投稿に対してもページ上で反応するだけでなく、そのあとでメールを送信して「見に来てくださいね」と一言書けば来てくれる理由を作ったことになります。

　法人贈花のL社ではこれをインスタグラムで行っています。写真でフォロワーを抱えながらSNSで発信することで、本人だけでなく多くの人に知らせることができ、来てくれる理由をダブルで作っています。

ファン化を進めるポイント⑭

共催イベントに参加して集客を高める「中華街効果」を狙う

　前述したように、ファン化のための効果的な方法として共催イベントへの参加があります。共催イベントの世界的代表例は「中華街」です。商売をする際に普通は近くに競合店のない立地を選びます。しかし、華僑など中国人はあえて同業者の近くに店を構えます。見習うべきは、同業者が集まっているほうが儲かるというこの中華街思想です。

　普段は戦う間柄の同業他社と共同で、自社でも他社でもないもう1つのサイトを作り、そこで年1回でも共催イベントを行うのです。消費者からすれば専門業者が集結しているイベントですから、盛り上がりは必至です。

　仮に1社あたり1000のメールリストで10社が集まれば1万リストになります。自社だけでは呼べない10倍の顧客が呼べるので、イベントの盛り上がりも1社ではできない規模になります。

　具体的には、たとえばクリスマスプレゼント、バレンタインなど、専門店ならワインイベントなど多くの同業他社が集まり、一緒にイベントサイトを開設します。そして、毎週1回それぞれの顧客にイベントサイトの案内をすることを取り決めて実施します。これで集客が上がりますし、自社の顧客を取られるリスクは生じません。

ファン化を進めるポイント⑮

誕生日や血液型などを登録するのは
店への信用度が高い証拠

　顧客がファン化しているかどうかを見極める秘策があります。それは誕生日や血液型を聞くことです。当社データで明らかになっていますが、会員登録をしている顧客と、していない顧客、あるいは会員であっても誕生日を登録している顧客と、していない顧客では、メルマガの開封率で3割、お店の来訪で3倍、購入で2倍の差が出ています。

　誕生日、血液型など貴重な情報を教えてくれるのは店への信用度が高い顧客です。純粋にお得意さんとして扱って間違いありません。ロイヤルカスタマーの入口にいることがはっきりしているので、誕生月ポイントやスペシャルクーポンなど特別待遇を用意しましょう。

　このように、商品購入時やイベントで会員登録を促したり、ハードルの高い情報を聞き出したりすることは店にとって大きな礎となります。ただし、気をつけなければならないことがあります。会員登録や情報提供を目的化すると、逆に敬遠されてお店が嫌われてしまうことにもなりかねません。登録する理由を明確に伝え、情報提供するメリットをきちんと与える必要があります。バースデープレゼントや誕生日月間割引は鉄板手法、なかには占いコンテンツを毎月提供しているケースもあります。

ファン化を進めるためのポイントは個別あるいは群像別の対応。メール、メルマガ、イベントなどを活用して、店への「参加」を促し、来店してもらう「理由」を作ろう。

06

Consider simple and effective marketing options

Chapter 06

シンプルで効果的な
マーケティングを考えよう

シンプルで効果的なマーケティングを考えよう

[マーケティングとは
市場のニーズを知って
それに合わせること]

顧客が誰かをはっきりさせ
自社の強みを明確にしよう

　ネット社会・スマホ時代になって、マーケティングの手法も以前とは様変わりしています。変化のポイントは情報の量と伝達の速度、伝搬の仕方の3つです。2000年生まれの人は、1950年生まれの人の一生分の情報量を1年もかからずに得られます。速度は1000倍以上、伝搬性も100倍以上です。数百の新聞や雑誌などの情報に即座にアクセスでき、1日以上かかった手紙は1秒以下で届きます。共有される拡散も10人が10人に伝えるだけで100倍です。ですから、わずか50年前のマーケティングの教科書に書かれていることの多くが現在では通用しません。

　ここでは、マーケティングを「ネット通販で効果的な市場との接触方法」ということに限定して説明します。マーケティングとは、マーケット＋イングです。日本語に訳すと、「市場のニーズを知って、それに合わせる」ということです。市場を知り、自社を知ることが戦いに勝つための最大の戦術です。

　まず知らなければならないのは、なんといっても顧客ニーズです。市場のニーズの把握は、自社にとっての顧客は誰なのか、つまりペルソナをはっきりさせることから始まります。ターゲットは何歳くらいか？　どんな生活をしているのか？　こづかいは？　家族構成は？　こうしたことを明確にすればするほど、対策もはっきりしてきます。ペルソナがはっきりしたら、その群像はどこにどれくらいいて、これから増えるのか減るのかなどを調べることで対処法が決まってきます。

　次に知っておかなければならないのは自社についてです。自社の得意なことは何か？　自社で扱っている商品の強みは何か？　お店の強みは何か？　これらを細かく多角的に数値で導き出して、同業他社との違いを明確にしておけば間違いのない対処ができます。

　すべてを数値化するのは難しいかもしれません。しかし、自社のことは過大評価したり、逆に過小評価しがちです。また、弱点だと思っていたことが意外に強みだったりすることもあります。市販されているものやネット上の統計資料などに照らし合わせ、自社の本当の強みと弱みをはっきりさせましょう。

顧客を知る

まず知るべきは、自社にとっての顧客は誰かということ。ターゲットの年齢、生活スタイル、使えるお金、家族構成などを把握し、そのペルソナがどこにどれくらいいて、これから増えるのか減るのかを知っておこう。

己を知る

次に知っておきたいのが自社のこと。自社が得意な分野、自社で扱っている商品の強み、お店の強みなどを細かく多角的に数値で導き出しておこう。等身大の自社像をはっきりさせて同業他社との違いを明確にしておきたい。

シンプルで効果的なマーケティングを考えよう

Inviolable rule

［ 顧客と商品が
ネットで接触する
「インタイム」の限界は
１日２時間弱 ］

ペルソナの２時間の行動を検証し
どのように購買に至るかを考えよう

　ネット社会・スマホ時代のマーケティングの基本は、消費者の時間のどこに入り込むかを考えることです。このように顧客の時間に入り込むことを「インタイム」と呼びます。

　顧客は１日24時間という限られた生活時間の中で、食事をしたり、仕事をしたり、移動したりしています。その顧客が自社の商品とその情報に触れるのにふさわしい時間帯に無理なく入り込むことができれば互いにとってベストです。

　自社がターゲットとするペルソナ像がはっきりしたら、統計資料やときにはアンケートなども実施して、自社が販売する商品と出会う場所、時間、日付、曜日、きっかけを徹底的に調査してください。そして、それに適した媒体や方法で顧客にアクセスを試みるのが常套手段となります。

　24時間のうち人がネットに触れる時間の限界はどのくらいかご存知ですか？　ほとんどの社会人（所得層）は１日約10時間以上は仕事をしています。主婦も同じです。

　そして、約６時間は睡眠です。食事やその仕度に３時間を要し、風呂やトイレ、化粧などに１時間、通勤に１時間というのが標準です。これらの生活に21時間を消費し、残り３時間が余暇になり、その時間を多くの人はテレビや音楽、団欒や語らいに費やします。

　結論をいうと、当社の統計では、どんなに多くても１日110分というのがネットアクセスの限界です。つまり、インタイムの限界は２時間弱ということになり、ここに入り込める作戦を練らなければなりません。

　具体的には、販売する商品ごとに、そのターゲットとなるペルソナの２時間の行動について明らかにしていきます。どんなメディアに触れ、誰と会話し、どういう経路でそこにたどり着き、どういう引き金によって物品の購買に至るかなどを考えることで、仮説が生まれてきます。これを何度も繰り返して実験して検証し、チューニングを重ねていくのが実際にインタイムを見つけ出す方法です。つまり、対象とする顧客の生活スタイルを知る作業です。顧客のスタイルを無視したマーケティングを行っても効果は発揮されません。

消費者が
ネットにアクセスする時間は
1日2時間以内

最大
2時間!

ネット

残りの時間は……
仕事……………………10時間
睡眠……………………6時間
食事・支度など………3時間
入浴・トイレ・化粧……1時間
通勤（移動）…………1時間

一般的な社会人の余暇は1日3時間。
テレビや音楽、お喋りなどの時間を除くと、
ネットアクセスは1日110分が限界。

> インタイムの限界に入り込むための作戦として、ターゲットになるペルソナの2時間の行動について明らかにして物品の購入に至る道筋の仮説を立て、それを何度も検証していくことが大切です。

シンプルで効果的なマーケティングを考えよう

Inviolable rule

[顧客の財布のどこに入り込むか？
ペルソナごとに
「インワレット」を考える]

ペルソナの所得を割り出し
自社商品にお金を仕向ける方策を練る

　自社商品を買ってもらうために顧客の財布に入り込む必要があります。これを「インワレット」と呼びます。時間と同じように、顧客は食事をしたり移動したりなど、有限の予算を分配して生活しています。子育て中か、学童を抱えているか、子どもは高校生か大学生か、住宅ローンがあるかないか、医療や介護、学習、旅行、娯楽など、何にいくら使っているかで入り込める財布の場所と量はまったく違ってきます。

　商品を売るということは、1つの角度から見ると、この財布の中の余ったお金を取りに行くことです。また、別の角度から見れば、余りではなく商品が生活の主たるものにあたる場合もあります。それぞれお金を拠出して商品を得る動機は変わってくるので、アプローチの方法や伝え方も変えていく必要があります。必需品であればそれを意識する必要がありますし、商品へのニーズが余りのお金側にあたる場合は、理屈ではなく、ほしいという気持ちやモチベーションで購買への引き金をひくことが大切になります。

　財布に入り込むための考え方も基本的にはインタイムと同じです。ただし、お金は24時間という共通有限ではなく、ペルソナによって違うのでそれを明らかにしなければなりません。

　具体的には、まず統計数値などからペルソナの所得を割り出します。ただし、ペルソナによっては世帯全体の所得であったり、あるいは節句人形など祖父母がペルソナになることもあるでしょう。所得を明らかにしたら、可処分所得は生活優先消費に振り向けられるのか、欲求消費が優先されるかを見極めてイマジネーションを発動します。

　たとえば、あるペルソナの世帯所得が夫婦で600万円だとします。ここから住宅ローン、家賃、養育費といった生活インフラ代を差し引きます。こうして残った自由に使えるお金、あるいは生活必需品であればその範囲の中で投下できる額が、私たちの獲得可能な母数の限界になります。この額の中から、自社商品にそのお金が振り向けられるための方策を練ります。

世帯所得600万円の夫婦の場合

600万円 − **生活インフラ代**（住宅ローン、家賃、養育費）

引いたものが

↓

自由に使えるお金 = 獲得可能な母数限界

獲得可能な限界額の中から、
自社商品にお金を仕向ける方策を練ろう。

ペルソナの可処分所得が
どの消費に向けられるか
を想像しましょう。

シンプルで効果的なマーケティングを考えよう

Inviolable rule

［ 顧客が行動する
イベントを知り
そこに自社商品を合わせていく ］

「狭いが濃いイベント」の情報を
事前にページなどに仕込んでおこう

　顧客が行動するイベントを知り、その時期や場所などを合わせることも効果的なマーケティングになります。イベントを「大きく広いイベント」と「狭いが濃いイベント」の2つに分けて考えてみましょう。

　「大きく広いイベント」はバレンタインやクリスマス、母の日・父の日などのナショナルイベントです。こうしたイベントはテレビや雑誌、街中で毎年繰り返し行われ、消費者はこの流れに支配されています。流れに乗り、早め早めの商品展開やキャンペーン、お知らせなどで対応しましょう。年間のイベントカレンダーを用意し、常に先取りしてページへの単語の埋め込みや広告の手配をします。

　専門店にとってビッグイベントをつかんでおくことは、キャンペーンを避けるべき時期を知ることができるメリットもあります。自社が煎餅店ならバレンタイン前2週間は広告宣伝を止めておくのが賢明です。父の日商材のキャンペーンを母の日前に打ったり、29日の肉の日に魚をアピールするのは無駄です。

　専門店にとって最も有効なのは、自社の専門分野に特化した「狭いが濃いイベント」です。たとえば、エアガンの販売をしているお店であれば、日本中で繰り広げられているサバイバルゲームのイベントカレンダーに合わせる。万年筆販売のお店なら全国で開催しているペンクリニックといった無料サービスイベントに合わせる。そのほうが消費者の購買動機をあおります。最もシンプルなのは、その専門分野直結の記念日です。花の日、肉の日、歯の日など専門的なイベントは、ニュース報道や趣味でつながるSNSやポータル、ブログでも話題になりますから、SEOや広告にも活用できます。ページにキーワードなどを事前に仕込んでおくことで、イベント当日の検索やクチコミから動線を作れます。また、例示したサバイバルゲームやペンクリニックなどの他人の情報を自社のページに載せておけば、検索などからそのイベント目的の消費者に自社の存在を伝える絶好のチャンスになります。専門店は業界情報には常にアンテナを張り、関連する業界紙誌・ウェブは常にウォッチしておきましょう。

大きく広いイベントをキャッチする

ナショナルイベントは常に先読み

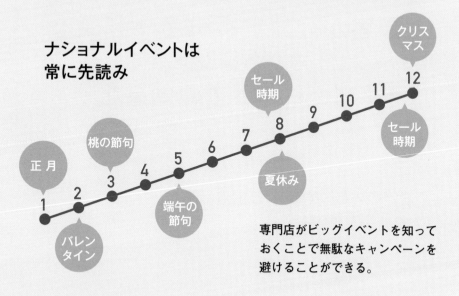

専門店がビッグイベントを知っておくことで無駄なキャンペーンを避けることができる。

狭いが濃いイベントをキャッチする

たとえば……
エアガン販売店の場合
イベントカレンダーに合わせる

専門店にとって、専門分野に特化した「狭いが濃いイベント」は要チェック！

雨の日
楽器の日
歯の日

シンプルで効果的なマーケティングを考えよう

[顧客が行動するトレンドに乗る
「オントレンド」で
イベント以上の効果を]

メディア情報の先取りや街中の定点観測で
顧客の未来行動を予測しよう

　未来のトレンドを予測し顧客の行動を先取りする「オントレンド」は、ときにイベント以上の効果をもたらす有力なマーケティング戦略になります。トレンド予測は不確実なものですが、その傾向は事前に知ることができます。方法は次の4つです。

①放送局のウェブサイト

　TV各局はウェブサイトを持っていて、1〜3ヵ月先の放映スケジュール、番組予告が載っています。自社商品と重なる放映を見つけることができれば、その番組のキーワードや出演者などをあらかじめ自社ページに埋め込んでおくことで、放映直後の検索で1位をとりにいけます。TV効果はいまだ絶大です。

②専門誌の次号予告欄

　専門店にとって顧客ニーズを掘り起こす力はTVよりも強いでしょう。消費者は雑誌を手にした後に商品がほしくなり、検索やクチコミなどを通じて商品探しに走ります。今の時代、雑誌や新聞よりもウェブ媒体に軍配が上がります。業界で人気のブログをチェックし、可能ならブロガーと知り合って予告を教えてもらうことができれば自社ページへの動線を作れるでしょう。このパブリシティを有料でやってくれるのがアルファブロガーです。

③電車の吊り広告や駅広告

　準備期間は短くなりますが、現在のムーブメントを知ることができます。広さではTVに次ぐ影響力があります。都市圏限定になりますが、動員の多い東京都の大手町駅であれば5線の地下鉄、1日40万人もの乗降客の目に触れます（実際には100人に1人くらい）。費用は他社が出しているので、これをタダで利用できるのはお得です。

④定点観測、定時観測

　メディアの予告以上に当たったときに大きいのが街中の観測です。中長期の天気予報などがアパレルやエアコンの売れ行きを左右するのと同じで、普段歩く街中で自社商品に関連したエリアやフィールドを定期的にチェックすることをお勧めします。ネット上での観測も可能で、話題になっている新しいサイト、古くからの人気サイトなどを定期観測することでトレンドの変化を感じることができます。

放送局の ウェブサイト

「ティラミスロール」のように新しい単語の商品を開発しサイトに埋め込んでおくことで、ティラミスロールが流行し、TV放映されるごとにニーズを獲得できた例も。

専門誌の 次号予告欄

広さと強さではTVにかなわないが、「次号」という未来を先取りする影響力の濃さは専門店にとってTV以上。ウェブ媒体の人気ブログの予告もチェックしておきたい。

電車の吊り広告や 駅広告

今起きているムーブメントを伝える媒体。期間的には短いが、広さではTVに次ぐ影響力がある。乗客の多い路線、乗降客の多い駅などの広告は多くの人の目に触れる。

定点観測 定時観測

駅ビルや駅前、新しいビルなどの定点観測は、流行の理由を見つけられる絶好のチャンス。ネット上でも話題になっているサイト、定番人気サイトの動きは定期的に点検しよう。

シンプルで効果的なマーケティングを考えよう

Inviolable rule

［情報の超拡散性や超即効性という「ダブル加速の構造」を理解しよう］

世の中の大きな動きをつかみ今そこにある流行に乗ってしまう

　現代の情報化社会ならではの性質をつかむこともマーケティングに役立ちます。そのポイントは「超拡散性」と「超即効性」です。

　まず「超拡散性」について。かつては消費者とメディアの関係は1対多という構造でした。しかし、ネット社会ではどうでもよいような「ウケ」話題が強く支持されたりと、クチコミの影響力が無視できなくなりました。テレビニュースなどでもネットの個の意見が公共電波に載ったり、番組終了後はSNSに伝播して連鎖が続きます。この双方向の情報の流れが活用できる点が要注目です。ただし、恣意的な情報は決して支持されません。ウケる場合は必ずその理由があります。

　2つめの情報流通の特徴が「超即効性」です。かつては刊行物、メディアの発行や到達タイミングが月1回（月刊誌）、週1回（週刊誌）、1日1回（新聞）、早くても1時間に1回（TV・ラジオ）というスピードでした。ところが、スマホというメディアが登場し、24時間瞬時に情報が受け取れて発信できるようになりました。ニュースなどにしてもマスメディアより、現場にいる人からのツイートなどのSNSの情報のほうが早い。こうした速報性の一方で情報が長続きしないというデメリットもあります。情報が上書きされる速度もまたとても速くなっています。

　こうした情報化時代の特徴を活用したマーケティングが必要です。TVの強力さ、専門誌の深さ、吊り広告の盤石さはいまだ根強いですが、もう1つのポイントはやはりネットとスマホです。このどちらかを起点にして情報構造の恩恵を受けることができます。また、自社発信の情報だけでなく、今そこで発生しているムーブメントに自社が乗ってしまうというのも方策の1つです。たとえば、自社専門関連の単語を登録したアラートメールやタグクラウドでキャッチしておけるようにしておき、それが通知されたら即座に情報の流れを判断して（ヤフーの「リアルタイム検索」などを使って）、流れに沿ったサイト内文字の変更や関連するメールを発信したり、商品位置の入れ替えをするなど、現在のトレンドに自社を合わせていくことができます。

シンプルで効果的なマーケティングを考えよう

Inviolable rule

[顧客ニーズと競合社
それぞれに対して自社を
どう適合させればよいのか]

顧客ニーズと自社の得意の共通項から攻め
次に競合社との差別化を考える

　マーケティング・レッスンの最後に、顧客と競合社それぞれに対して自社をどうすり合わせていけばよいのかについてお話しします。

　「顧客とのマーケティング」については、まず顧客ニーズと自社の得意の重なるところを優先して攻めます。そこは間違いなく相思相愛です。右上の図①部分です。これはいくつあってもよいのです。もちろん、開始する行動はNSKであり、TBSであり、NHKです。

　ここを攻め終わったら、獲得顧客に対しては③の円を左に伸ばしていくことで既存客からのリピートや多買を増やすとともに、③の円を上下に伸ばして新規顧客を獲得します。どちらを優先するかは自社の方針・戦略によります。顧客ニーズと自社の得意が程遠いと収益性が低いので着手を最後にすることも考えましょう。

　次に「競合社とのマーケティング」です。商いは他社と顧客を奪い合うことです。顧客と自社の関係ができあがったら、競合を交えての戦いに踏み込むことになります。あくまでも顧客と自社の得意の合致点（右下の図①）をきちんと構築することが絶対条件です。ここを競合に侵食されることは大打撃だからです。

　②では、③とは異なり競合を倒しにいきます。このゾーンは自社が得意で顧客ニーズでもあるので、競合が商品性で挑んでくるのであれば対応策で応戦するなど、同一の得意分野で差別化することが勝つためのポイントになります。しかし、ここで勝ち目がないと判断したら、むしろ②を捨てて③へ参戦します。ここは競合と顧客の関係が成立しているのでハードルは当然高くなりますが、敵の弱みを知って、そこを自社の得意にできればブレイクスルーになるはずです。

　最後に攻める部分、あるいは最初から競合との戦いを避けるのであれば、自社の得意の円を広げることを考えましょう。これまでと違った群像の顧客サークルを新たに作り出して④に進出するのです。たとえば、下駄や草履に特化していた店が、それにこだわらずに、より広い商品を扱う履物屋になれば一気に客層が増える可能性があります。

顧客とのマーケティング

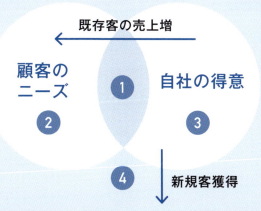

顧客ニーズと自社の得意の共通項を固めたら、自社の方針・戦略に応じて、リピーターや多買を増やすか、新規の顧客を増やすかを選択しよう。さらに、得意分野を広げて新たな顧客を掘り起こす手も。

競合社とのマーケティング

顧客ニーズと自社の得意の合致点は絶対に譲れない。得意分野が他社と競合するのであれば差別化を図ることで競合を倒しにいく。そこに勝ち目がなければ競合とその顧客ニーズの関係が成立しているゾーンを攻める。

07

How to be smart with cost

賢くコストをかける

Chapter 07
賢くコストをかけるには

賢くコストをかけるには

Inviolable rule

[ネット通販での商売の鍵を握る
お金の賢い使い方を学ぼう]

商品費、販促費、事業費に
資金をどう配分させるかがポイント

商売の鍵を握るのはお金の使い方です。お金を使って商売をして、商売によってそのお金が増える。事業はその繰り返しで大きくなっていきます。では、お金をいつ、どこに、どのくらい投下すればいいのでしょうか？ お金の使い方、その使われ方の特性を正しく理解しておくことで、効率的に業績を上げていくことができます。

日々の店舗経営は3つの費用群から構成されます。その3つが、商品費（STOCK：S）、販促費（PROMOTION：P）、事業費（CORPORATE：C）です。それぞれがどういう特性かを知り、資金をどう配分させるかで商売の成果が大きく変わってきます。

①STOCK（生産、製造、仕入、調達費用）

費用の多くを占めるのが生産、製造、仕入の費用、つまり商品の原価費用です。在庫するのでSTOCKと呼びます。販売量に応じてかかる費用ですが、仕入量、生産量が増えるほど下代（商品原価）が下がるという性質があるので、利益を出すために重要な費用になります。

②PROMOTION（販促費）

本書の中のNSK、TBS、NHKを行う費用、つまり販促費です。自社内製あるいは外注のどちらであっても、同じように時間と人が消費されます。事業の進度や規模にもよりますが、売上高の20〜30％が適切といわれています。ただし、初期にはそれ以上の資本を投下することも多々あります。ファンやリピーターが増えるほどに下げることが可能です。費用の性質としては、販売数量を増やし、売上を作るお金です。

③CORPORATE（事業費）

販売量に応じて増える費用ですが、SやPと比較すると、売れても売れなくても固定してかかるという性質があります。人件費、地代家賃、水道光熱費などです。利益を圧迫するので、可能なかぎり抑えたいものです。そのほかに、それぞれの目的を強化するための調査研究、勉強のための費用もあります。調査研究によってSもPも良くなりますが、生産性を直接上げることにつながるので性質としてはPの費用になります。

3つの費用

STOCK	PROMOTION	CORPORATE
S	**P**	**C**
商品費	販促費	事業費
生産 製造 調達 仕入 など	ページ制作 広告宣伝 販売促進 調査研究費 など	事務所 倉庫 水道光熱 通信システム 運営人件費 など

配送料はCの性質といえる

生産性人件費はSやPに属する

商品費、販促費、事業費の3つの要素に資金をどう配分させるかで、商売の成果が大幅に変わります。それぞれの特性と使い方を正しく理解しましょう。

賢くコストをかけるには

Inviolable rule

[商品費（S）は
利益を出すための費用
原価を下げることで
利益幅が大きくなる]

資金的に可能なかぎり
商品は一度に大量調達しよう

　商品調達（生産、製造、仕入）は、その数量を増やすことや、原材料などの調達先をどう選ぶかがポイントになります。そうした工夫によって原価を下げることができ、売れたときの利益額が大きくなります。ですから、商品費（S）は「利益を出すための費用」だということを理解しておくのが重要です。

　たとえば、仕入を例に考えてみましょう。同じ商品を1ダース12個仕入れるのと、1グロス144個仕入れるのとを比べれば、1商品あたりの仕入単価はグロスのほうが安くなるはずです。1ダースを12回に分けて仕入れても、1グロス1回で仕入れても、手元には同じ144個の在庫が残ります。ですから、その144個をすべて売り切ったとき、売上高としては同じですが、利益額がまったく違い、グロスで仕入れたときのほうがより多く利益が出ています。この性質が商品費（S）の特徴です。

　つまり、資金的に可能なかぎり、仕入や調達、生産、製造は、売れる見込みがあるのであれば、一度になるべく大量に仕入れる（生産、製造する）ことで、後になって利益を多く出せると心得てください。

　ただ、この"資金的に可能なかぎり"というのがちょっとクセものです。というのは、ほとんどのケースで、販促費（P）や事業費（C）と比較して、大きな額が必要になるのが商品費（S）だからです。可能なかぎり一度で大量に仕入れたほうが後日の利益が多いのは間違いないのですが、そのためには潤沢な資金が必要になるという相対する関係にあります。

　ただ、今は手元に資金がなくても、後日売れれば資金が手に入るのも事実です。それを見越して、未来資金を今獲得する方法として、借入金や締め支払いサイクルを遅らせるという手があります。

　これと同じ効果を別の方法で得ることもできます。たとえば、販売の工夫によってリピーターを増やせば、後日の販売数を見込めるので次の仕入は強気でいけます。また、定期購入、頒布会を行うことでこれを予測ではなく確定に近づけることもできます。

利益が上がる仕入はどっち？

ジュースを仕入れる場合

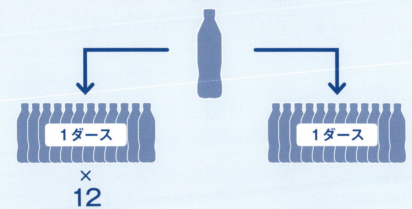

1ダース × 12	1ダース
（1グロス）	（1ダース）
144本	**12本**

1ダースを12回に分けて仕入れるより、1グロス1回の仕入のほうが得られる利益は多い。

賢くコストをかけるには

Inviolable rule

[販促費（P）は
売上を上げるための費用
いかに多くの販促費を
確保できるかが勝負]

商品費が下がるほど販促にかけられる資金が増え
販促がうまく運ぶと売上が増えて商品費が下がる

　販促費であるプロモーション費用は、売れる数を増やすことが目的です。つまり、販売量を増やして、売上高を上げるのが販促費（P）の性質です。Pは売上のための費用だという点が重要です。

　販促をすればするほど売れる。このメカニズムはシンプルで当たり前です。ただし、客単価を上げるのも、リピート率を上げるのもこの販売促進の効果です。ですから、結果的に商品費（S）の性質である利益を上げるということにもつながるので、Pは要の費用といえます。

　このPの費用をどうかけるかというメソッドが前述したNSK、TBS、NHKです。これらがうまくできるほどプロモーション効果が発揮されます。

　一般に、経営巡航状態ではPにかける費用は全体コストの20％前後が標準だといわれていますが、業種業態や原価率によって15〜35％が許容範囲でしょう。予算や時期に応じて増減させるのが普通です。

　Sの商品原価率が下がるほど、販促費（P）にかけられる資金が生まれます。そして、販促がうまく運ぶと販売量が増えるので、仕入や製造原価のSが下がるという循環構造があります。

　このSとPの関係は商売のポイントであり、店舗経営は「S×P」であるともいえます。「利益額×販売量」が目的とする成果だからです。利益は多いけれど販売量が少ない、あるいは販売量は多いが利益が少ない、というケースがあると思います。しかし、そのどちらかよりも、両方を高めることが繁盛に結びつくことは間違いありません。

　世の中にはこのプロモーションに関する情報が数多く存在しますし、本書も多くのページを割いてPについて説明しています。それはPが商売においてとても重要だからです。ただし、Sとの関係も理解しておかないと、プロモーションそのものが商売の目的になってしまいます。IT業界にはそうした悪い風潮があります。同じITであってもECは商業目的ですから、必ずSを意識した上でPを行う必要があります。

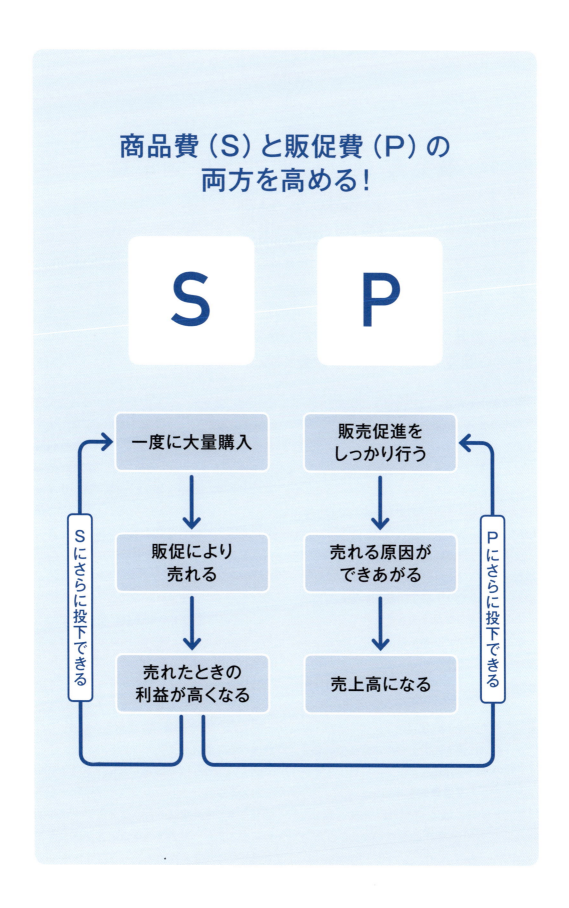

賢くコストをかけるには

Inviolable rule

[事業費（C）は原則的に固定費
必要になるまでは
極力低く抑えよう]

運営人員は1日10受注あたり1人が基本
1日30受注を超えると効率が良くなる

　事業費は人件費や地代家賃など固定的にかかる費用なので、どうしてもそれが必要になるまでは極力増やさないようにすることが重要です。ただ、「人」はSやPを良くするためには外せない部分です。ここでは、オペレーションにどのくらいの労力をかければいいのかを説明しましょう。

　まず、運営人員は1日10受注あたり1人が基本です。1日10受注とは月間300受注です。受注単価1万円で月商300万円のお店のオペレーションは次のような感じです。

　すべての注文が交換や返品がなく、入金も滞りない、いわゆるイレギュラー処理がないという前提で、1受注にかかる時間は約30分です。この内訳は、受注の確認、商品のピッキング、検品、包装、段ボールへのパッキング、配送伝票の出力、出荷場所への移動です。併せて、受注連絡メールの送信や代金決済の処理と入金消し込みもあります。

　これを時間とコストで計算すると、週休1日として1日12受注になるので、1日あたり360分かかります。しかし、10件に1件以上はイレギュラーがあるので、これを加味して60分プラスし、1日7時間と計算します。昼の休憩1時間を挟んで9時〜17時の1日分です。つまり、1日10受注には1人が必要になります。パートか正社員かで違いますが、1ヵ月の人件費が税込15万円だとすると、保険、家賃、光熱費などを加味してほぼ2倍がけといわれるので30万円になります。つまり、月商300万円に対して1割の30万円が受注処理のコストになります。

　受注が増えてくると分業が可能になります。ピッキング〜パッキングの担当者と、受注処理・連絡処理・代金回収処理・イレギュラー処理の担当者の2種類に分業できるため、運営効率は大きく改善します。また、受注が月間1000（1日30受注）を超える前後から、物流代行に委託する店が3割を超えます。とくに、パッキングが容易な場合や単品通販などのシンプルオペレーションの場合は一考の価値あり。1人経営で月商億円単位を売り上げている店は、物流や販促など運営をすべて外注するケースも少なくありません。

月300受注に対応するには何人必要？

月300受注を週休1日で対応する場合、1日あたり12受注

1受注にかかる時間……

確認→ピッキング→検品→包装→段ボールにパッキング→配送手配

⇒ **約30分**

30分×12受注＝360分
これにイレギュラー60分をプラス

＝ **420分**（7時間）

つまり……1日12受注は1人必要

賢くコストをかけるには

Inviolable rule 05

[積極コストと消極コストを使う
優先順位を間違えてはいけない]

SとPはプラスのコスト
Cはマイナスのコスト

　同じコストでも、使うほうが得をするコストというものがあります。これが積極コストです。逆に、使っても生産性や収益性にほとんど直結しないのが消極コストです。この積極コストと消極コストに振り向ける資金を間違えなければ商売はうまく楽に運びます。ここを間違えると、労多くしてなかなか儲からないということになります。

　SPCの中の積極コストは、商品費（S）と販促費（P）です。前述したように、仕入（あるいは生産・製造）は一度にたくさん仕入れるほうが下代（商品原価）は下がり、売れたときの利益が多くなるからです。また、売上を増加させるのが販促費ですから、Pも積極コストです。この2つのコストは絶対にケチってはいけません。

　一方、事業費（C）は消極コストになります。人件費と地代家賃が多くを占めますが、この2つは商品が売れても売れなくても固定的にかかってくるコストです。S、Pが変動費であるのに対して、Cは毎月決まってかかります。また、送料は受注量に応じてかかってきますが、それ自体は安いほど利益が増えるので性質は消極コストで、削減に努めるべき費用です。

　行動でいうと、SやPのおかげで販売量が増えて売上が上がり、利益が出たということを確認した上で初めてCを増やすべきかどうかを検討するようにしましょう。多くの失敗例には、Cにお金をかけてしっかり準備してからスタートし、費用が足りなくなってSとPをケチってしまうという傾向があります。これはまったくアベコベです。ただし、Cでも人件費だけは必要以上に抑えるべきではありません。全体のオペレーションの中で考えてください。

　なお、本章の体感学習をできるアプリケーションが「豊島商店」（SPCシミュレーター）です。当社社内研修用に作られたものですが、SPCと損益計算書の構造を体感学習できます。社内ではまず10回、その後1ヵ月続けることを推奨しており、誰もがマスターできたことを実感しています。冷や汗が出るほどリアルなのでぜひ試してみてください。

得するコスト、損するコスト

先行して投下する価値がある

積極コスト

何かを生み出すことが目的の費用

商品の費用
利益を生み出す

P

販促の費用
売上を生み出す

必要になってから投下するほうが良い

消極コスト

生み出すことが目的ではない費用

固定費である

事務所家賃
運営人件費
地代倉庫代
　　　など

まずは積極コストを優先し、消極コストは必要になる時期までは極力抑えよう。

appendix

Detailed monthly income statement

巻末付録

事業の成果がひと目でわかる！
月商ステージ別損益計算書

巻末付録

一般的なものとは異なる
ネット通販独自の
損益計算書の見方

　本書の最後に、月商ステージごとにモデル損益計算書を示しながら、より実践的なネット通販事業の展開の仕方について説明しましょう。

　原価率や戦略によってさまざまな展開が考えられるので、ここで紹介するものはあくまでも1つのモデルにすぎませんが、積極投資を推奨する観点から描いた事例です。全体を見渡すことでいくつかの特徴に気づいていただけるはずなので、自社ならばどういう戦略で進めるかの判断材料になると思います。

　ネット通販事業を展開する上でまず重要なのは、損益計算書（PL）の見方を理解することです。

　ただし、右に示したとおり、一般的な損益計算書とは少し書き方が違っています。ネット通販にはこの書式が適していると思うので、この書式をもとに思考を働かせることをお勧めします。理由は、前述したSPCの特徴に則り、積極コストと消極コストに分けて書いているからです。

　表の見方と特徴を説明します。最上段には月間受注数と単価、商品原価率が記してあります。売上、費用ともこれをもとに計算します。売上高は受注数×受注単価です。

　費用で最初に着目すべきは商品費（S）です。これは受注単価（上代）に対して原価率がかけられています。生産、製造、仕入で調達する仕入値です。

　次の段は販促費（P）です。最初に調査分析の費用です。商品の研究開発や視察費用もここに含まれます。販促費は4項目で構成されています。

　下段が事業費（C）です。まず運営人件費に着目してください。受注数から逆算して、ピッキング、検品、パッキングに必要な人数を入れます。次は受注処理、顧客対応、代金決済などの担当者の管理人件費です。仕入調達や販促計画など事業全体の管理も含まれます。他に受注数に応じた荷造り送料と倉庫代（あるいはストックエリア）の家賃相当額、さらに事務所や水道光熱費が計算されます。最後に、営業費、会議費などを50％換算で計算しています。

ネット通販流損益計算書

月商1000万円ステージ　　　　　　　　　　（単位：千円）

月間受注数　850受注（1日28受注）
受注単価　　12千円
原価率　　　50%

	売上高	10200	850受注×12千円で
	費　用	9989	
S	商品費（生産、製造、仕入原価）		12千円×50%×850受注　Sの性質
P	調査分析計画費		販促の分析と企画、市場調査商品開発
	販促費		
	制作関連	250	撮影、デザイン、コーディング
	集客関連		宣伝広告、集客施策
	企画関連		イベント運営　　Pの性質
	リピートクチコミ関連		顧客管理、お得意様対応費
C	事業費		
	荷造り送料と倉庫代	893	@1050円×850個口
	運営人件費		@月20万円×2.5人　Cの性質
	管理人件費		@月30万円×2.0人
	事務所費、水道光熱費	1099	運営人件費相当とする
	その他事業費	549	上記の半分とする
	営業利益	211	年間だと2百万円

巻末付録

月商ステージごとの受注数と
それを得るために必要な集客数や
購買転換数を知ろう

　ここからは月商ステージを6つに分けて、具体的なモデルPLについて説明していきます。まず、売上、利益を得るためにかけるSPCの経費は受注数から逆算して決めるのが基本です。右表に、月商ステージごとに必要になってくる受注数と、その受注を得るための集客数、購買転換数の構造を示しました。「良」と書かれているのは店舗（サイト）の実力値が高いケースで、「否」と書かれているのは低いケースです。実際は月商ステージが低いほど否に近く、成長ステージが上がるほど良に向かいます。これはあくまでも構造上の表ですので、実際にはこれ以下の場合もこれ以上の場合もあります。

　このあと、6つの月商ステージを3つのレイヤーに分けて、各レイヤーについて2つずつ例を挙げて説明します。ステージ（段階）という名のとおり、これは時系列的な発展順のイメージですので、スモールビジネスであれ大手法人であれ、それぞれの段階を通過することに変わりはありません。違いは、それぞれのステージを早く通過するか、ゆっくり通過するかです。

　この6つのステージの特徴は、投資ステージ、回収ステージ、大発展ステージの3つのレイヤーに分かれていること。飛行機にたとえると、離陸、上昇、巡航飛行に当てはまります。飛行機と同じように、早い段階ほど大きなエネルギーを使う必要があります。

　ただし、事業の場合は飛行機と違って、小型機で少しの燃料（資金）を搭載して離陸したとしても、高度と速度が上がってきたら、それまで得た利益でさらに燃料を注入したり、エンジンを大きいものに載せ替えることができます。そうした特徴をふまえて、この3レイヤーは、それぞれのステージから早く次のステージに移行するために、継続的に積極投資をするモデルとして記しています。したがって、利益を先に出すのではなく、顧客を作ることを常に優先した例になっています。なお、実際は企業の規模が大きいほど、先行投資額はモデルよりもはるかに大きくなり、逆に小型商店ではもっと低額からゆっくり始める場合もあります。

6つの「売上高受注数」ごとに必要な集客数と転換率

月商売上	必要な月受注数 （1日あたり）	受注数達成に必要な集客数と転換率
50万円	50 (2)	5000人来て1％の転換率（否）〜 500人来て10％の転換率（良）
100万円	100 (3)	1万人来て1％の転換率（否）〜 1000人来て10％の転換率（良）
500万円	500 (17)	3万人来て1％の転換率（否）〜 3000人来て10％の転換率（良）
1000万円	1000 (34)	10万人来て1％の転換率（否）〜 1万人来て10％の転換率（良）
5000万円	5000 (167)	50万人来て1％の転換率（否）〜 1万5000人来て10％の転換率（良）
1億円	1万 (334)	100万人来て1％の転換率（否）〜 10万人来て10％の転換率（良）

※この表では目安としてわかりやすい数値を使用しています。次ページ以降の各モデルの数値とは異なる場合があります
※受注単価1万円
※カッコ内は1日あたりの受注数

巻末付録

※モデルはあくまでも一例であり、原価率、生産性、調達性、在庫状況などの「状況」と「戦略」です。投下予定金額、先行投資型か黒字優先型か、もしくは顧客増大時期か、お得意醸成時期かなど、企業ごとに大きく異なります。ここで紹介する例示はすべて、利益を次のステージへ回す投資を続行する「先行投資型」としています。

モデル1
月商50万円ステージ
年商600万円モデル

1〜2人で事業運営

月商50万円ステージ　（単位：千円）

月間受注数	55受注（1日1受注）
受注単価	9千円
原価率	60%

	項目	金額	備考
	売上高	495	55受注×9千円
	費用	755	
S	商品費（生産、製造、仕入原価）	297	9千円×60%×55受注
P	調査分析計画費	50	販促の分析と企画、市場調査商品開発
P	販促費		
P	制作関連	50	撮影、デザイン、コーディング
P	集客関連	150	宣伝広告、集客施策
P	企画関連	50	イベント運営
P	リピートクチコミ関連	0	顧客管理、お得意様対応費
C	事業費		
C	荷造り送料と倉庫代	58	@1050円×55個口
C	運営人件費	40	@20万円×0.2人
C	管理人件費	0	既存コストでカバーとする
C	事務所費、水道光熱費	40	運営人件費相当とする
C	その他事業費	20	上記の半分とする
	営業利益	△260	年間だとマイナス約300万円

個人事業で、ページ制作や販促が得意な場合は、コストがかからないので黒字化はできますが、現実はまだ小遣い稼ぎのレベル。次のステージに移行するためにも、継続投資型をお勧めします。

モデル2

月商100万円ステージ
年商1200万円モデル

1～2人で事業運営

月商100万円ステージ (単位：千円)

月間受注数	100受注（1日3受注）
受注単価	10千円
原価率	55%

	項目	金額	備考
	売上高	1000	100受注×10千円
	費用	1305	
S	商品費（生産、製造、仕入原価）	550	10千円×55%×100受注
P	調査分析計画費	100	販促の分析と企画、市場調査商品開発
P	販促費		
P	制作関連	100	撮影、デザイン、コーディング
P	集客関連	200	宣伝広告、集客施策
P	企画関連	50	イベント運営
P	リピートクチコミ関連	0	顧客管理、お得意様対応費
C	事業費		
C	荷造り送料と倉庫代	105	@1050円×100個口
C	運営人件費	80	@20万円×0.4人
C	管理人件費	0	既存コストでカバーとする
C	事務所費、水道光熱費	80	運営人件費相当とする
C	その他事業費	40	上記の半分とする
	営業利益	△305	年間だとマイナス約350万円

3ちゃん企業（家族で営むような企業のこと）モデルでも、黒字化するステージ。既存事業の新規通販チャネル開発や倉庫代、人件費などは自社既存のコストでカバーしている段階なので、それを差し引いて利益が出ているケースが少しずつ出てきます。

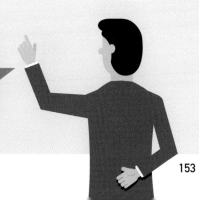

> 巻末付録

モデル1　モデル2　解説

最初に100万〜300万円を資金投下することが利益を出す布石になる

　100万〜300万円を予定投下資金（準備資金）としてスタートした小型企業の開店後2〜4ヵ月目のモデルです。お花屋さんやケーキ屋さんなど、街中で既存ビジネスを展開しながらネット通販に参入するケースなどです。

　月商50万円と100万円ではどちらも1日あたりの受注数は1ケタ台で、運営はまだ余裕がある段階です。2つを比べると、売れるほどに製造や調達が良くなり、原価率が下がります。また、サイトの実力が上がるほどに受注単価が増す構造になっています。

　この例のように月間50〜100受注でも下代（商品原価）が50％を切るケースもありますし、逆に85％の高原価品もあります。このモデルでは55〜60％の原価率ですが、記載した以上の販促費をかけたとしても、原価率が45％以下ならば黒字化します。

　販促費については、商品数が少ない段階であるためにページ関連費用があまりかかっていません。集客施策には15万〜20万円を投下しています。これはこの段階で推奨する最低額です。新規の顧客がまだいないからです。したがって、リピート施策に資金投下する段階ではありません。

　事業費は、受注がまだほとんどない状態なので運営人件費も管理人件費も1人未満で計算しています。ピッキング〜パッキングなど一連の荷造り作業については、平均的に商品点数3.3でラッピングが2.0工程、その他チラシ同梱などの処理が4工程入って、個口あたり15〜20分が平均です。時給が仮に1000円だとして、1時間に3〜4個、つまり個口あたり250〜300円のコストで計算します。送料は商品や扱い量によりますが、平均的な70サイズ常温、3都道府県内翌日配送で590円を見込んで計算しています。倉庫代は個口あたりで換算すると約1050円が全国平均になります。

　利益についてはどちらも年間換算で300万円ほどのマイナスになっています。まだ利益を期待できる段階ではありません。しかし、スタートアップの段階で100万〜300万円の資金投下をすることで、商売の立ち上がりは早くなります。

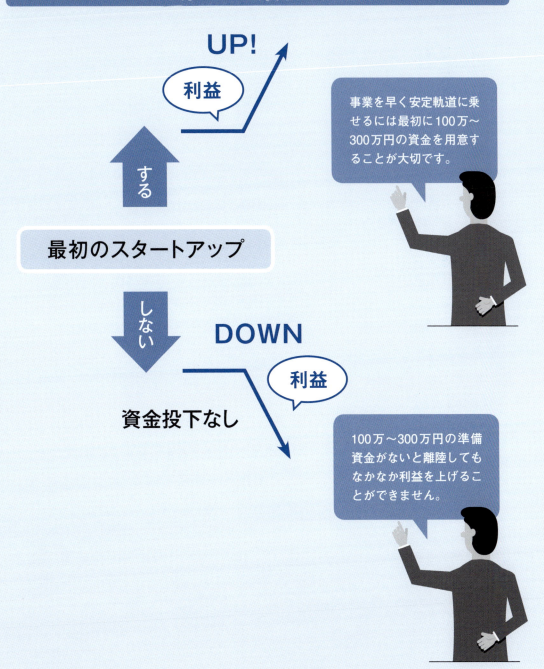

巻末付録

モデル3
月商500万円ステージ
年商6000万円モデル

2～3人で事業運営

※モデルはあくまでも一例であり、原価率、生産性、調達性、在庫状況などの「状況」と「戦略」です。投下予定金額、先行投資型か黒字優先型か、もしくは顧客増大時期か、お得意醸成時期かなど、企業ごとに大きく異なります。ここで紹介する例示はすべて、利益を次のステージへ回す投資を継続する「先行投資型」としています。

月商500万円ステージ (単位：千円)

月間受注数	450受注（1日15受注）
受注単価	11千円
原価率	50%

	項目	金額	備考
	売上高	4950	450受注×11千円
	費用	5160	
S	商品費（生産、製造、仕入原価）	2475	11千円×50%×450受注
P	調査分析計画費	200	販促の分析と企画、市場調査商品開発
P	販促費		
P	制作関連	150	撮影、デザイン、コーディング
P	集客関連	250	宣伝広告、集客施策
P	企画関連	100	イベント運営
P	リピートクチコミ関連	100	顧客管理、お得意様対応費
C	事業費		
C	荷造り送料と倉庫代	475	@1050円×450個口
C	運営人件費	264	@20万円×1.3人
C	管理人件費	300	@30万円×1.0人
C	事務所費、水道光熱費	564	運営人件費＋管理人件費相当とする
C	その他事業費	282	上記の半分とする
	営業利益	△210	年間だとマイナス約250万円

通常は、余裕ある黒字のステージですが、このレンジでは投資の継続や管理人件費を既存事業から抽出している場合がほとんど。そのような理由から、原価見合いであるものの、販促費用は2～3倍かけているのが実態です。

モデル4

月商1000万円ステージ
年商1億2000万円モデル

3〜5人で事業運営

月商1000万円ステージ （単位：千円）

月間受注数	850受注（1日28受注）	
受注単価	12千円	
原価率	50%	

	項目	金額	備考
	売上高	10200	850受注×12千円で
	費用	9990	
S	商品費（生産、製造、仕入原価）	5100	12千円×50%×850受注
P	調査分析計画費	400	販促の分析と企画、市場調査商品開発
P	販促費		
P	制作関連	250	撮影、デザイン、コーディング
P	集客関連	300	宣伝広告、集客施策
P	企画関連	100	イベント運営
P	リピートクチコミ関連	200	顧客管理、お得意様対応費
C	事業費		
C	荷造り送料と倉庫代	893	@1050円×850個口
C	運営人件費	499	@月20万円×2.5人
C	管理人件費	600	@月30万円×2.0人
C	事務所費、水道光熱費	1099	運営人件費＋管理人件費相当とする
C	その他事業費	549	上記の半分とする
	営業利益	210	年間だと約200万円

確実に、黒字化しているステージです。例示は、原価率を50％にしていますが、実際はもっと低くなる場合がほとんど。その分、調査分析や販促費にかけるケースが多いものの、それでも黒字化を維持することができます。

> 巻末付録

モデル3 モデル4 解説

月商500万円に転じる
ターニングポイントは
月商166万円

　スタート4〜12ヵ月目の小型店、または3ヵ月から半年後の中堅企業が継続投資を行った場合のモデルです。受注数が1日あたり2ケタになり、ようやく事業として定常的に回っている状態です。2つのモデルを比べると、やはり売れるほどに原価率と受注単価が良くなる構造になっています。モデル1、2とは世界が違ってきているのがわかるでしょう。このステージに入ると、プロモーションや調査分析をするほどに売れ、売れるから資金も増えるといった好循環に入ってきます。

　しかし実際には、この月商500万円に達する前に「月商166万円」という転換点があります。これについて説明します。このステージでの生産、製造、仕入量は原価率40%以下が可能になります。また、この段階は既存事業の人員で運営できる限界の手前にあり、月商166万円は年商換算で2000万円、最終利益20%（400万円）を最も実現しやすいゾーンであることが確認されています。

　前述した準備資金300万円という点で興味深い事実があります。これは多くのフランチャイズ（FC）参加料と同額であり、損益分岐点の売上額も似ています。しかし、FCは物理的な土地や補償金が必要になるリスクがあります。それに比べて準備資金の全額を自社で使えるネット通販は、とても歩の良いビジネスだといえます。

　月商100万円を超えて166万円の転換点に達すると、それまでの速度よりもはるかに速く月商500万円に到達します。ですから、このターニングポイントまではノンストップで進むことをお勧めします。

　月商500万円ステージでは販売量、調達量とも増え、引き続き下代は下がっていきます。原価率はさらに5%下がって50%で設定しています。また、運営人件費と管理人件費についてはそれぞれに専任担当者を配置していますが、それでも高い水準のPLとなっています。

　最終利益は構造上はかなり前から黒字化しています。販促費を大幅に増やして、人件費を満額計上しても黒字ベースに推移しているので十分に実力がついている段階です。

月商166万円に達すれば、
月商500万円まではあっという間！

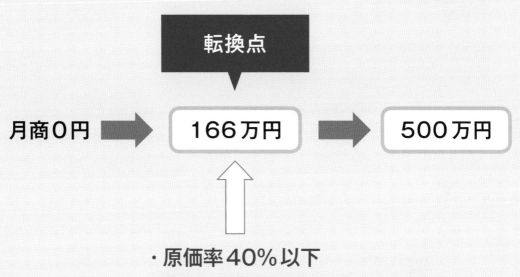

月商166万円を超えると、収益が倍増している分、販促費も倍かけられます。顧客も増え、リピートも始まるので、さらに販促費を投下できるという好循環が始まります。そこまでの苦労が嘘のように感じられる世界に入るでしょう。

巻末付録

モデル5
月商5000万円ステージ 年商6億円モデル

4～14人で事業運営

※モデルはあくまでも一例であり、原価率、生産性、調達性、在庫状況などの「状況」と「戦略」です。投下予定金額、先行投資型か黒字優先型か、もしくは顧客増大時期か、お得意醸成時期かなど、企業ごとに大きく異なります。ここで紹介する例示はすべて、利益を次のステージへ回す投資を続行する「先行投資型」としています。

月商5000万円ステージ （単位：千円）

項目		金額	内訳
月間受注数		3900受注（130受注）	
受注単価		13千円	
原価率		45%	

	項目	金額	内訳
	売上高	50700	3900受注×13千円
	費用	43110	
S	商品費（生産、製造、仕入原価）	22815	13千円×45%×3900受注
P	調査分析計画費	1000	販促の分析と企画、市場調査商品開発
P	販促費 制作関連	1000	撮影、デザイン、コーディング
P	集客関連	3000	宣伝広告、集客施策
P	企画関連	2000	イベント運営
P	リピートクチコミ関連	2000	顧客管理、お得意様対応費
C	事業費 荷造り送料と倉庫代	4095	＠1050円×3900個口
C	運営人件費	2280	＠月20万円×11.4人
C	管理人件費	600	＠月30万円×2.0人
C	事務所費、水道光熱費	2880	運営人件費＋管理人件費相当とする
C	その他事業費	1440	上記の半分とする
	営業利益	7590	年間だと約9000万円

原価率45%だと、調査分析や販促費に大きく投下しても利益が積み重なる状態に。実際、このレンジの店舗では、営業利益をさらに販促費に回して次のステージを目指したり、新たな商品開発にあてる場合が多いです。このレンジでは、調査分析と商品開発を重点的に行うことをお勧めします。

モデル6

月商1億円ステージ
年商12億円モデル

6〜25人で事業運営

月商1億万円ステージ （単位：千円）

月間受注数	7500受注（1日250受注）
受注単価	14千円
原価率	45%

	項目	金額	内訳
	売上高	105000	7500受注×14千円
	費用	87625	
S	商品費（生産、製造、仕入原価）	47250	14千円×45%×7500受注
P	調査分析計画費	2000	販促の分析と企画、市場調査商品開発
	販促費		
	制作関連	3000	撮影、デザイン、コーディング
	集客関連	6000	宣伝広告、集客施策
	企画関連	6000	イベント運営
	リピートクチコミ関連	3000	顧客管理、お得意様対応費
C	事業費		
	荷造り送料と倉庫代	7875	@1050円×7500個口
	運営人件費	4400	@月20万円×22.0人
	管理人件費	600	@月30万円×2.0人
	事務所費、水道光熱費	5000	運営人件費＋管理人件費相当とする
	その他事業費	2500	上記の半分とする
	営業利益	17375	年間だと約2億円

原価率45％では上記の表のように十分な販促費を投下しても、大幅に利益が出る状態に。実際、このレンジの店舗は、販促費の各項に500万〜1000万円ほどの投下をしており、しかも原価率は35％以下がほとんどなので、高い利益が出ています。

モデル5　モデル6　解説

利益を抑えて継続投資に回すことで月商1億円の世界が見えてくる

　月商が1000万円を超えてくる段階になると、事業の成長は倍増どころかケタ違いに加速します。飛行機でいうと、離陸、上昇の時期を過ぎ、きわめて高い高度で安定して巡航している状態です。

　ここでお話しするステージは、中堅から大手企業で自社直販サイトの1～3年目の姿として例示しています。しかし、小型企業としてスタートしても、4～5年目でこのステージに到達するケースも珍しくありません。2～3年で突入する店もあります。それを実現しているのが、本書のメソッドと継続的先行投資です。

　中小企業はもちろん、大手企業であっても月商1億円と聞くと、「すごいなあ」と感じるかもしれません。しかし、20名ほどの通販事業部で月商10億円という例もあり、月商1億円というのは普通に存在しています。

　では、どうすればこの月商1億円という世界に突入できるのでしょうか？　それは、「利益を投資に回す」ということを継続的に行った結果なのです。これが成長を加速させるための条件です。実際にはこの手前のステージでも利益をもっと出すことはできますが、本書のモデルPLでは常にぎりぎりかマイナスくらいの利益になるように継続投資した例を示してきました。短期的な利益を抑えても、すでに実力は十分ついているので、先行投資を行うことは全く怖くありません。

　このモデル5、6は、もはや説明する項目はありません。成長が雪だるま式に加速して異次元に突入していることがPLからも読みとれると思います。このステージの少し前の段階からは業種業態、目的などに応じて「できる施策」「とれる戦略」の選択肢はいくつもあります。

　巻末付録で示した6例を参考にして同じ表を作り、自社に合わせた原価率や発展スタイルなどを手作りで設計してみてください。そして、それを実現するために、いつまでに、いくらの資金を用意すべきかを突き止め、PDCAを回してください。それが最も現実的で、かつ間違いを客観的な数値で発見できる安全経営の最善方法です。

月商5000万円を超えるには、
何よりも「利益を投資に回す」ことが大事！

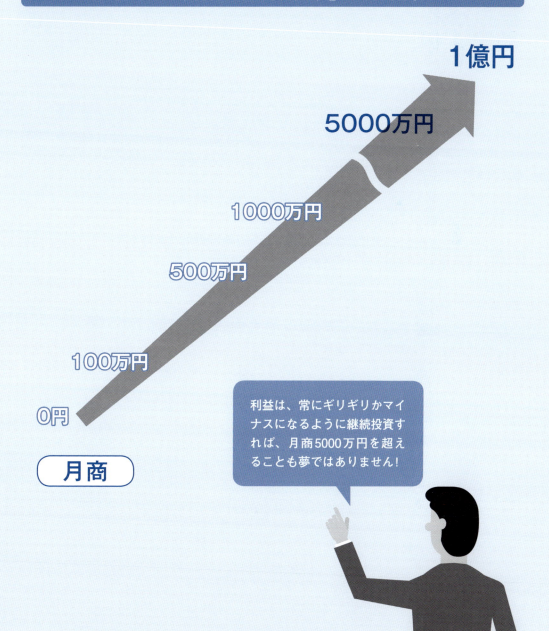

Epilogue
おわりに

　本書を最後までお読みいただきありがとうございます。

　「自社本店・専門店」こそが普遍的な商売のセオリーであり、ネット通販を成功させる最大の秘訣でもあることをご理解いただけたでしょうか。

　私たちはこの理念に則って、決してブレることなく、長年の実績から蓄積されたデータや情報、英知をシステム化・サービス化してお客様に提供しています。その目的は明確です。創業時に掲げたスローガンの1つでもありますが、「日本中をWebショップだらけにしたい」というのが当社のCSR（企業の社会的責任）だからです。

　しかし、残念なことに、私たち自身ではこうした想いを直接実現することはできません。それは、私たちEストアーの事業構造としてお客様である事業者が主役だからです。お客様の業績を上げ、お客様の数を増やし、お客様である事業者が潤うことで、初めて私たちの理念が実現し、世の役に立つことになるのです。

　本書で紹介したEストアーメソッド自体も、お客様のおかげで得られた膨大なデータと経験を背景に完成した成功法則です。本書は、そうしたノウハウを社会に還元することを目的に出版されたものであり、これは当社のCSR活動の一環でもあります。

　さて、これから新規開店や改装を検討している方も多いと思います。最後に、そうした

方々にいちばん大事なことをお伝えしておきましょう。

　ネット通販でもリアル店でも同じですが、商売繁盛のために最も必要なことは方法論やテクニックではありません。大切なのは「商品愛」と「情熱」です。

　販売している商品群が大好きであること、その商品が醸し出す世界観が楽しくて仕方がないこと、そして商品が売れた後の消費者のうれしそうな顔にワクワクすること。こうした商品愛と情熱こそがそのまま商売繁盛に直結していくのです。

　事実、お世辞にも質の高いページとはいえなくても、広告ゼロでも、深い商品愛と強い情熱によって年商1億円に達している店も少なからずあります。

　商品愛と情熱を持ち、変化する消費者市場における商売の構造を理解し、Ｅストアーメソッドを実践することで、あなたのネットショップは無敵の存在になるはずです。

　ネット化がますます進む社会にあって、日本の小売が、持ち前のジャパンクオリティで国際経済をも圧倒し、自立したすべての私たち小売マーチャントによって作り上げられる夢の社会実現に向けて、進んでいきたいものです。

　ネット通販という大海に向かって今まさに船出しようとしている方々に、本書が成功へのヒントを少しでも提供できれば、著者としてこれほどうれしいことはありません。

株式会社Eストアー代表取締役
石村 賢一（いしむら けんいち）

1962年東京都生まれ。 86年㈱アスキー入社。 90年㈱アスキーエクスプレス取締役企画部長、91年㈱アスキーエアーネットワーク設立、代表取締役就任。㈱アスキーネット取締役（兼任）、㈱アスキーインターネットサービスカンパニー副事業部長を歴任後、98年セコム㈱に入社、ネットワークセキュリティ事業部スーパーバイザー就任。 99年㈱Eストアー設立、代表取締役に就任し現在に至る。

売らずに買われるネット通販

2016年9月29日　第1刷発行

著者	石村賢一
発行所	ダイヤモンド社
	〒150-8409　東京都渋谷区神宮前6-12-17
	http://www.diamond.co.jp/
	電話　03-5778-7235（編集）　03-5778-7240（販売）
装丁&本文デザイン	安食正之（北路社）
制作進行	ダイヤモンド・グラフィック社
印刷	加藤文明社
製本	ブックアート
編集担当	寺田文一
写真・イラスト	iStockphoto®　©DKart ／ Fly_dragonfly ／ scanrail ／ Askold Romanov ／ shih-wei ／ kasto80 ／ bee32 ／ &#169 Ferran Traité ／ Soler ／ Sean Pavone ／ RamCreativ ／ yuoak ／ enotmaks ／ Davizro ／ NIckJackson2013 ／ enotmaks ／ Sean Pavone

©2016 Kenichi Ishimura
ISBN 978-4-478-06992-9

落丁・乱丁本はお手数ですが小社営業局宛にお送りください。送料小社負担にてお取替えいたします。但し、古書店で購入されたものについてはお取替えできません。
無断転載・複製を禁ず
Printed in Japan